Alexander Meyerovich

Chemie und Metalle verbinden Epochen

Notizen eines Metallurgen

Über den Autor

Dr. Alexander Meyerovich, Jahrgang 1953, studierte anorganische Chemie und Hydrometallurgie der Buntmetalle an der Moskauer Staatlichen Universität für Stahl und Legierungen – MISiS (Nationale Universität Wissenschaft und Technologie MISiS in Moskau) und promovierte dort auf dem Gebiet der Hydrometallurgie der Edelmetalle. Nach der Promotion arbeitete er als Laborleiter und Leiter der Wissenschaftler am Staatlichen Institut für Edelmetalle in Moskau.

2000 nahm Dr. Meyerovich als Gastwissenschaftler eine Forschungstätigkeit am Anorganischen Chemie Institut der UNI Frankfurt am Main an. Von 2005 bis 2017 war er sowohl in der Schweiz als auch in Deutschland als Entwicklungsleiter und Leiter der Chemielabor / Forschungslabor Metallisierung bei einem internationalen Unternehmen tätig. Seit 2017 ist er ein freier Fachberater und Entwickler im Bereich Oberflächentechnik.

Die Ergebnisse seiner wissenschaftlichen Arbeiten finden sich in mehr als 100 wissenschaftlich-technischen Veröffentlichungen in den Fachzeitschriften und –büchern und über 20 Patenteinreichungen. Er ist Autor erfolgreicher populärwissenschaftlicher Artikel.

Inhaltsverzeichnis

Vorwort und Danksagung

Die archäologische Forschung brachte in den vergangenen Jahren eine Vielzahl von neuen Erkenntnissen ans Licht. Im Gegensatz zu den nur sehr spärlich erhaltenen schriftlichen Zeugnissen gewähren die archäologischen Funde und Befunde einen tiefen Einblick in das Alltagsleben, in die Arbeits- und Lebenswelt der Menschen.

So verweisen qualitätsvolle Bleiglasfenster auf eine hochwertige Ausgestaltung der mittelalterlichen Kirchen, die kunstvoll bemalten griechischen Keramiken auf die alten Griechen Götter und Heroen, öffentliche und private Szenen, das kämpferische Leben in der Antike.

In diesem zweiten Buch aus einer Sachbuchserie setzt Alexander Meyerovich den Schwerpunkt auf die kürzeren naturwissenschaftlichen Geschichten, welche den Lauf der Menschheit beeinflusst haben. Die Suche nach Informationen und Erklärungen steht auch in diesem Buch im Vordergrund. Der Autor macht eine spannende Führung durch die Epochen und Länder, trifft auf Fragmente der menschlichen Geschichte, die von und mit Metallen und chemischen Verfahren abhängig sind, begleitet Wissenschaftler bei ihren Forschungen. Er lädt den Leser dazu ein, die alten Erfindungen wie Nanoprodukte und Nanotechnologien, die in der Kultur, Wirtschaft und Wissenschaft eine große Rolle gespielt haben, neu zu entdecken und regt zu eigenen Überlegungen an. Über die DNK-Analyse lassen sich Rückschlüsse auf die Herkunft der Menschen der vergangenen Epochen ziehen, um die Entwicklung der Zivilisation besser zu verstehen. So wie einst Platon resümierte: „Wir leben wie Frösche um einen Teich" sollen die Leser versuchen, Historisches mit Geheimnisvollem zu verbinden.

Das Buch ist keine Beschreibung einer Theorie, sondern basiert auf persönlicher praktischer Lebenserfahrung des Autors. Über 40 Jahre Erfahrung als Chemiker, Metallurge und Buchautor geben Dr. Alexander Meyerovich den fachlichen Hintergrund für dieses Buch. Und weil ein Bild bekanntlich mehr sagt als tausend Worte, wird der trockene Text durch aussagekräftige Fotos und Abbildungen ergänzt.

Einige Bereiche dieses Buches wurden schon in der Zeitschrift „Industrie & Archäologie" (Schweiz) unter Redaktion von Oskar Baldinger († 2015) publiziert. Ihm bin ich sehr dankbar für seine Freundschaft, überaus hilfreiche Diskussionen und seine kenntnisreichen Kommentare.

Danke an Herrn Frank Wittwer für die Zusammenarbeit in einigen Kapiteln und seine hilfreichen Kommentare zu Passagen des Buches.

Ein besonderes Dankeschön an Frau Edeltrudis Taibner. Sie unterstützte mich in hervorragender Weise und hat mit ihren Fragen und Vorschlägen dafür gesorgt, dass dieses Buch die finale Reife erhalten hat; danke auch für professionelle Hilfe bei der Vorbereitung des Manuskripts für die Drucklegung.

Wechselbeziehung zwischen Chemie und Kriminalistik in der menschlichen Geschichte

„Laster ist Teil der Tugenden, wie Gifte in Arzneimittel".

François VI. de La Rochefoucauld
französischer Adeliger, Militär und Literat

Solange die menschliche Zivilisation andauert gibt es Regeln und Gesetze und genau seit dieser Zeit gibt es Probleme mit Verstößen. Die Verletzung dieser Regeln und die Suche nach Beweisen, wer das Recht gebrochen hat, und auf welche Weise geht einher. Die wissenschaftliche und technologische Revolution erlaubte, insbesondere in der zweiten Hälfte des zwanzigsten Jahrhunderts, die Verwendung in der Kriminalistik der technischen Methoden für die Sammlung von Verbrechensbeweisen. Einen wichtigen Platz übernimmt die Chemie. Einige Anwendungen werden in dieser Arbeit beleuchtet. Es wird die Entwicklung der Kriminalistik als Wissenschaft, die sich auf fortschrittliche Methoden der chemischen Analyse stützt, hervorgehoben. Das Thema "Chemie in der Kriminalistik" ist sehr groß und interessant. Der Bogen wird von der Antike bis in die Gegenwart gespannt um zu zeigen, wie diese beiden Wissenschaften zusammen den Menschen in der Verbrechensbekämpfung helfen.

Kriminalistik ist die Wissenschaft über die Methoden der Untersuchungen von Verbrechen und das Sammeln von forensischen Beweisen. Die Wurzeln dieser Wissenschaft kommen aus den Tiefen der Jahrhunderte. Sie begannen mit den einfachsten chemischen Untersuchungsmethoden.

Wenn Sie sich an die Untersuchung von Verbrechen seit dem späten neunzehnten Jahrhundert bis zur Mitte des zwanzigsten Jahrhunderts mit den berühmten Detektiven Nat Pinkerton, Pater

Brown, Miss Marple und Hercule Poirot erinnern stellt sich heraus,
dass in ihren Handlungen vor allem die ausschließliche **Beobachtung, Kenntniss der Psychologie und die Fähigkeit Fakten** zu
kombinieren verwendet wurden.

Viele berühmte Detektive der amerikanischen Schriftsteller unserer
Zeit verwenden Kraft, Bestechung und Zeichnung zur Lösung ihrer Fälle. Manchmal wenden sie auch die Hilfe von Experten der
Gerichtsmedizin an. Das ist die Situation in diesem Bereich gemäß
der beliebten Kriminalromane.

Heute ist in der Tat fast keine der Untersuchungen strafrechtlicher
Natur ohne wissenschaftliches und technisches Know-how möglich, die zusammen mit anderen den wichtigen Platz von chemischen und physikalisch-chemischen Methoden besetzt.

Für welche Ziele werden am häufigsten chemische Methoden in
der Kriminalistik verwendet? Eine einfache Auflistung der bekanntesten Bereiche ihrer Anwendung sieht ziemlich beeindruckend
aus:

- Suche und Speichern von latenten Fingerabdrücken
- Personenidentifizierung mittels DNA-Analyse
- Suche und Identifizierung von toxischen Substanzen, Sprengstoff,
Drogen
- Beschaffung der Abdrücke von Schuhen, Reifen, Gebiss, etc.
- Analyse des Alkoholgehaltes und Zusammensetzung von alkoho-
lischen Getränken
- Analyse von Tinte, Papier und anderen Werkzeugen, die benutzt
werden, um Dokumente zu erstellen
- Analyse von unterschiedlichen Verschmutzungen

Die Untersuchungen sind kompliziert und schließen ganze Me-
thodenreihe ein, um zum Beispiel solche Bodenkomponente wie
organische Stoffe, Sandfraktion, Ernterückstände, Tonzutaten zu
untersuchen. Zur Bestimmung der physikalischen und morphologischen Eigenschaften des Bodens führen die Experten geominera-
logische Untersuchungen durch. Für die Analysen der organischen
Substanzen werden Papierchromatographie, Elektrophorese und
Elektronenmikroskopie verwendet. Mittels der Emissionsspektral-

analyse (ESA) werden z.B. Säure und Carbonat bestimmt. Diese aufwändige Arbeit wird gemacht um festzulegen, von welcher Grundstücksfläche Rückstände an den Schuhen oder Hosen des Verdächtigens stammen.

Kommissar Maigret. Lüttich, Belgien.

Kriminalistisches Denken und physikalisch-chemische Methoden im Altertum

Es gilt als unwahrscheinlich unter den Historikern, verantwortungsvoll das genaue Datum für den ersten Fall von gefälschten Zahlungsmitteln zu nennen. Nach Herodots Erzählungen belagerten die Spartaner im 6. Jahrhundert v. Chr. die Insel Samos in der Ägäis. Die Herrscher der Insel bezahlten für ihre Freiheit eine Abfindung. Es wurde aber später bekannt, dass es sich um falsches Geld handelte, nämlich um Münzen aus Blei gegossen und mit Gold überzogen.

Im alten Rom erhielt man durch Denunziation eines Fälschers die lebenslange Befreiung von allen Arten der Steuern für einen Bürger und die Freiheit für Sklaven. Die Fälscher selbst wurden in der Regel den wilden Tiere vorgeworfen oder verzehrt. In Indien wurden die Fälscher in den frühen ersten Jahrtausenden mit einem Rasiermesser in kleine Stücke geschnitten.

Gold wurde als wichtigste Währung seit der Antike verwendet. Da dieses Metall eine niedrige mechanische Festigkeit hatte, wurden die Münzen aus Goldlegierungen mit Silber und Kupfer hergestellt. Mit einer Kombination der roten und weißen Metalle konnten Betrüger den Goldgehalt in den Münzen sehr stark reduzieren. Es gibt einen Nachweis im Manuskript des 2. Jhs. v. Chr. des griechischen Autors Agatharchides, wo das Verfahren für die Prüfung von Gold durch Feuer oder Abtreiben so beschrieben wurde: „Hütten nehmen eine Stichprobe von Golderz, wiegen sie, legen in ein Tongefäß rein, geben in einem Massenverhältnis zur Stichprobe Blei, das Salz, ein wenig Zinn, Gerstenkleie und schließen den Deckel dicht. Das Tongefäß wird für fünf Tage und fünf Nächte ohne Unterbrechung in einem heißen Ofen gehalten. Auf dem Boden setzt sich das reine Gold mit einem kleinsten Gewicht als ursprüngliches Erz ab". Ähnliche Methoden werden auch heute verwendet. Gegen dieses Übel im Altertum kämpften die entsprechenden Spezialisten, modern ausgedrückt die Kriminalisten.

Die ältesten und wichtigsten Methoden um die Qualität der Edelmetalle zu bewerten waren und sind Rösten (Gewicht der Probe vor und nach dem Rösten zu bewerten) und die Kupellation (Gewinnung von Gold aus der Schmelze in Anwesenheit von Reagenzien, insbesondere Bleiverbindungen).
So steht im Schreiben des Herrschers über Babylonien, Burna-buriaš II., an den ägyptischen Pharao Amenophis III., der von 1358 bis 1335 v. Chr. regierte: „Mein Bruder Amenophis kontrolliert kein Gold, das zu mir geschickt wurde. Nach dem Rösten im Ofen war wenig Gold als Gewicht des Geldes geblieben".

Der Leidener Papyrus vom alten Ägypten besagt, wenn sich Gold nach dem Rösten nicht ändert, wird davon ausgegangen dass es rein ist. Wenn es hart wird, enthält es Kupfer, wenn es weißer wird Silber. Dieses Verfahren des Röstens wurde in anderen Ländern, wie im alten Rom häufig verwendet, um gefälschte Münzen zu erkennen. Dennoch gab es keine Informationen über die Zusammensetzung der Verunreinigungen.

Kompliziertere Methoden umfassen die Verarbeitung der geschmolzenen Probe mit Blei (Kupellation) und/oder Salz (Zementationsverfahren). In diesem Fall bilden die Verunreinigungsmetalle mit der Tongefäßwand eine Verbindung oder verdampfen. Der römische Historiker Plinius der Ältere schrieb über diese Kupellation: „eine Mischung nimmt aus allem, was nicht Gold ist, und das Gold rein bleibt..."

Plinius bezog sich in seinen Werken auf ein Dekret, das die Überprüfung der Reinheit der Münzen erfordert. In den Tagen des römischen Kaisers Alexander Severus wurde ein spezieller Dienst zur Prüfung von Goldmünzen eingeführt. Er sollte Fälschungen erkennen sowie die Metalle, welche die Fälscher benutzten, identifizieren.

Die Waage ist das erste analytische Instrument, das seit dem Altertum bekannt ist. Die Geschichte der Waagen geht Jahrhunderte zurück. An der ägyptischen Pyramide, die im 3. Jahrtausend

v. Chr. gebaut wurde, kann man eine Balkenwaage sehen, die nach Meinung von Experten das perfekte Design hat.

Waagen wurden im alten Babylon im 3. Jahrtausend v. Chr. bereits gut kontrolliert. Jedes Gewicht hatte einen Staatstempel. Für die Fälschung der Gewichte, sowie die Fälschung von hochwertigen Waren drohten im Altertum schwere Strafen, sogar die Todesstrafe. In Alten Testament aus dem 2. Jahrtausend v. Chr. kann man lesen (5. Mose 25:13-15): „Du sollst nicht zweierlei Gewicht in deinem Sack, groß und klein, haben; und in deinem Hause soll nicht zweierlei Scheffel, groß und klein, sein. Du sollst ein völlig und recht Gewicht und einen völligen und rechten Scheffel haben..".

Ägyptische Balkenwaage - das Wiegen des Herzens: Anubis wiegt das Herz des Verstorbenen gegen die Feder der Maat aus, während Ammit wartet und Thot protokolliert. Fragment aus dem Totenpapyrus des Hunefer, ca. 1300 v. Chr. British Museum, London.

Mit dem Aufkommen von Geld wurden Waagen verwendet, um
die Qualität der Münzen und andere Gegenstände aus Gold und
Silber zu überprüfen, sowie den Gehalt der Edelmetalle in den
Erzen und Legierungen zu beurteilen. Eine längere Zeit waren die
Edelmetalle wichtige Objekte der Analyse.

Der berühmte Philosoph und Wissenschaftshistoriker John Desmond Bernal schrieb, dass die chemische Analyse ganz natürlich
aus dem Bedürfnis entstand den Betrug zu verhindern. Der Nachweis und die Quantifizierung von Verunreinigungen in Legierungen aus Gold und Silber, die auch heute auf den gleichen Methoden basieren, ist eine komplexe analytische Aufgabe.

Die technologische Untersuchung von Kunstwerken hat sich
über mehrere historische Perioden gewandelt und gehört auch
noch heute zum festen Bestandteil der Museums- und Restaurationsarbeiten.

Die erste Phase begann in der Antike. Zum ersten Mal wurden wissenschaftliche Analysen angewandt, um die Kunstwerke zu prüfen
und um alle Arten von Fälschungen und Betrug im Zusammenhang mit der Verwendung von Edelmetallen aufzudecken.
Im 5. Jahrhundert vor Christus fand ein Gericht statt, bei dem der
angeklagte athenische Bildhauer Phidias wegen Goldunterschlagung der zwölf Meter großen Statue der Athena die goldene Kleidung abnahm und wog. Diese „Prüfung" zeigte, dass alle 40 Talente (1048 kg) wahrlich aus Gold waren.

Wie schwer ist die Königskrone?

Im Altertum war man in der Lage, die Konzentration durch das
Gewicht zu bestimmen. 200 Jahre nach Phidias erfand Archimedes
zur Bestimmung der Legierungszusammensetzung das Wiegen
mittels Eintauchen von Objekten in Wasser. Hierdurch deckte er
den Betrug bei der Herstellung der Goldkrone des Herrschers von
Syrakus Hieron II. auf.

Mit der Nachricht, besser eigentlich dem Gerücht oder der misstrauischen Anfeindungen, dass Fälschungen vor sich gegangen seien, d. h. dass man einen Teil des Goldes durch Silber ersetzte, erhielt **Archimedes** (um 287 – 212 v. Chr.) den Auftrag zu prüfen, ob die neue Königskrone aus reinem Gold geschmiedet war.

Archimedes nahm die Krone, legte sie auf seine kleine Balkenwaage und gab Klumpen aus reinem Gold auf die andere Waagschale so lange, bis die Waage im Gleichgewicht war. Dann nahm er einen Tonkrug und stellte ihn in ein etwas größeres Tongefäß. Den Krug füllte er exakt bis zum Rand mit Wasser und legte nun die Krone hinein. Das abgeflossene Wasser, das in dem größeren Tongefäß aufgefangen wurde, goss er in einen Becher und wog es aus. Dann wiederholte er die Prozedur mit dem reinen Gold und traute seinen Augen nicht. Die jeweils verdrängte Wassermenge war unterschiedlich. Die Krone hatte mehr Wasser verdrängt, musste bei gleichem Gewicht demnach ein größeres Volumen haben. Er setzte die verdrängten Wassermengen ins Verhältnis zur Einwaage von Krone und Gold und errechnete für reines Gold eine Zahl von 19,3 g/cm^3, für die Krone nur 17,6 g/cm^3. Archimedes meldete dem König Hieron, dass die Krone nicht aus reinem Gold war, sondern aus einer Goldlegierung mit leichteren Metallen (z.B. Kupfer). Danach gestand der Schmiedemeister schließlich den Betrug und wurde noch am gleichen Tag hingerichtet. Archimedes fand als Erster eine Methode zur Bestimmung des spezifischen Gewichtes von Stoffen und zur Berechnung des Auftriebes von in Wasser getauchten Stoffen.

Die Bestimmung des spezifischen Gewichtes, heute nur ein wenig anders als bei Archimedes, ist immer noch die klassische und einfachste Schnellmethode zur Charakterisierung eines Stoffes.

Offenbar ist das **Aräometer (Senkwaage)** das zweite entwickelte analytische Gerät, das in den Manuskripten der antiken Wissenschaftler beschrieben ist. Die Senkwaage wurde und wird zu vielfältigen Zwecken verwendet, z.B. einmal allgemein zur Messung

__Archimed__ von Luca Giordano (1632 - 1705). Archäologisches Museum, Padua.

der Dichte von Flüssigkeiten, dann auch als Säureprüfer für Akku-mulatoren, als Alkoholmeter, als Laktosimeter für Milch, zur Kon-zentrationsbestimmung von Salzlösungen und vielem anderen mehr.

__Hypatia__ – Mathematikerin, Philo-sophin und Erfinderin eines Aräo-meters. Sokrates beschreibt die Märty-rin. Gemälde von Charles William Mitchell, 1885, Laing Art Gallery, Newcastle.

Aus diesen verschiedenen Verwendungen ergibt sich auch eine unübersichtliche Vielzahl von Skalierungen der Aräometer. Nach Vitruv (80/70 – 15 v. Chr.) konstruierte Archimedes zur Ermittlung des spezifischen Gewichtes von Flüssigkeiten das Aräometer.

Das Archimedesprinzip überdauerte seit dem Mittelalter. Ihre Beschreibung finden wir in einem Manuskript von Heraclius (Herakleios) „Über der Künste und Farben der Römer".

Hypatia (um 355 in Alexandria; † März 415 oder März 416 in Alexandria) war eine berühmte Mathematikerin und Philosophin, die in Alexandria lebte, einem Zentrum der Wissenschaft in der antiken Welt. Sie gehört zu den wenigen Wissenschaftlerinnen, die in fast allen Geschichtswerken der Naturwissenschaften erwähnt wird.

Hypatia war nicht nur eine angesehene Philosophin und Theoretikerin, ihr wird auch die Entwicklung von technischen Geräten zugeschrieben. So soll sie ein Aräometer, mit dem auf einfache Weise das spezifische Gewicht von Flüssigkeiten bestimmt werden kann, entworfen haben.

Auch chemische Analysen wurden seit undenklichen Zeiten durchgeführt. Die Menge wurde damals, im Gegensatz zur Qualität, ziemlich genau bestimmt. Die Qualität wurde nur durch die äußeren Merkmale der Waren beurteilt, was vor Fälschungen nicht schützen konnte. Die Anwendung von chemischen Analysen hat zur Kontrolle der Warenflüsse und des Handels beigetragen. Der Käufer wünschte die Qualität und die Menge der gekauften Waren zu kontrollieren. Damals wurde die Qualität der Waren, einschließlich der medizinischen und kosmetischen Substanzen, Öl und Wein in der Antike von Farbe, Durchsichtigkeit, Klarheit, Geruch, wie auch noch heute, durch die sensorischen Eigenschaften der Waren untersucht.

In jenen Tagen war der Ersatz von Gold mit Silber **nicht die einzige Form von Betrug.** So konnte anstelle von Kupfersulfat Eisenvitriol als minderwertiges Salz von vielen Händlern verkauft werden. Dies scheint oft genug angewandt worden zu sein, weil zu jener Zeit die Beschreibungen zwei Möglichkeiten zur Unterscheidung zwischen Eisensulfat und Kupfersulfat enthalten. Plinius schrieb über die Verwendung von Gerbstoffauszügen Nüsse als Reagenz. Zur Betrugsbekämpfung beim Verkauf von Kupfersulfat wurden in der Geschichte der Chemie die Gerbstoffauszüge aus den Nüssen als erstes chemisches Reagenz entwickelt. Ein Gerbstoff getränktes Papyrusstück sich färbte schwarz, wenn statt Kupfersulfat eine Lösung aus Eisensulfat getestet wurde.

Das Gift in der Suppe

Gifte waren immer ein gutes Mittel für den Kampf gegen Feinde. Wir kennen viele Geschichten über die Vorbereitungen der giftigen Mischungen, leider gibt es darüber keine sicheren Daten. Die Ärzte können erst seit kurzer Zeit die Vergiftungssymptome von allgemeinen Krankheiten unterscheiden. Chemiker lernten erst vor ca. zwei Jahrhunderten die Gifte zu identifizieren.

Mediziner dürften die ersten Wissenschaftler gewesen sein, die sich mit Verbrechen beschäftigt haben. Gerade bei Mord und Totschlag ist das nicht weiter verwunderlich, gehören Ärzte doch oft zu den ersten, die den Tatort eines Gewaltverbrechens erreichen.

In der letzten tausendeinhundert Jahren vergifteten die Täter ihre Opfer mit Arsen, genauer Arsentrioxid. Hinweise auf die frühesten Abhandlungen zur Rechtsmedizin stammen aus China.

Ein Werk aus dem sechsten Jahrhundert ist verloren, aber ein anderes Werk aus dem dreizehnten Jahrhundert hat die Zeit überdauert. Das Buch „Hsi Duan Yu" vermittel in Geschichten, wie die Wissenschaft zur Verbrechensbekämpfung kam. Der Titel kann mit „Wegwaschen von Übeln" übersetzt werden und beschäftigt sich z. B. damit, wie sich Tod durch Ertrinken oder Erwürgen von natürlichen Ursachen unterscheiden lässt. Ein halbes Jahrtausend später breitete sich die Naturwissenschaft noch ein klein wenig mehr in der Verbrechensbekämpfung aus. Im Mittelalter wurde die Zubereitung von giftigen Mischungen für einige Leute ein gewinnbringender Beruf. So lebten im 17. Jahrhundert der Italiener Teofania di Adamo (hingerichtet 1633) und der Franzose Godin de Sainte-Croix, die sogenanntes „Zaubererwasser" herstellten, welches Arsensalz enthielt.

Den ersten dokumentierten Kriminalfall bei dem die **Toxikologie**, die Lehre von Giften, eine zentrale Rolle spielte, gab es als 1752, als Mary Blandy in der englischen Stadt Henley wegen Mordes an ihrem Vater angeklagt wurde. Weil er ihrer Hochzeit mit William Cranstoun, einem adligen, aber armen Offizier, nicht zustimmen wollte, hatte sie ihm ein Pulver ins Essen gemischt. Sie behauptete vor Gericht, das Pulver, das sie von Cranstoun bekommen hatte, sollte die Stimmung ihres Vaters verbessern und so die Heirat möglich machen. Nach der übereinstimmenden Aussage von vier Ärzten, die sowohl die inneren Organe des Toten als auch Reste des Pulvers untersucht hatten, handelte es sich bei dem Pulver allerdings um Arsen – schon ein zehntel Gramm dieses Gifts kann zum Tod durch Herzversagen führen. Die damals durchgeführten ärztlichen Analysen würden heute vor keinem Gericht mehr standhalten. Insofern war dieser Prozess nur ein kleiner Schritt für die Naturwissenschaft, aber doch ein wichtiger Schritt für die Kriminaltechnik. Nachdem auch Zeugenaussagen die Schuld der Angeklagten zu bestätigen schienen, befanden die Geschworenen Mary Blandy nach nur fünf Minuten Beratung für schuldig. Sie wurde zum Tode verurteilt und bald darauf hingerichtet.

Es ist kein Wunder, dass die Toxikologie der erste „florierende Zweig der Rechtsmedizin" und Kriminaltechnik wurde. Jahrhundertelang wurden Giftmorde nur selten erkannt und selbst wenn ein Verdacht bestand, war die Gefahr, entdeckt und bestraft zu werden für einen Giftmischer sehr gering. Gifte hatten so Reichen und Mächtigen lange Zeit die Gelegenheit geboten, ihre Streitigkeiten unblutig und vor allem diskret zu „lösen", was einige französische und italienische Herzöge, Könige und Päpste zu spüren bekamen. Inmitten von Pest, Grippe und einer Unzahl anderer im Grunde unverstandener Krankheiten, fiel ein plötzliches Ableben nicht weiter auf – auch dann nicht, wenn es die Erbfolge für so manchen bemerkenswert günstig beeinflusste. Die Symptome einer Arsenvergiftung ähneln einer Krankheit und seine Präsenz im Körper des Opfers konnte man noch nicht bestimmen.

Da es viele Opfer durch Arsenvergiftung gab, versuchte einer der bekanntesten Wissenschaftler des 17. Jahrhunderts, Robert Boyle ein Verfahren zur Arsenbestimmung zu entwickeln. Er fand heraus, dass, wenn zu einer arsenhaltigen Lösung Quecksilberchlorid gegeben wird, sich ein weißer Niederschlag bildet. Im 18. Jahrhundert beobachtete Torben Olof Bergmann (1735 - 1784) einen gelben Niederschlag nach dem Zusammenwirken von Arsentrioxid und Schwefel.

Die erste sensible Methode der Arsenermittlung wurde vom Apotheker Carl Wilhelm Scheele vorgeschlagen.

Im Jahr 1836 schlug der englische Chemiker James Marsh ein Verfahren vor, um das Gift in organischem Material nachzuweisen. Er erfand ein Gerät, das später als Marshsche Methode bekannt wurde.
Zugrunde liegt der Methode die von Carl Wilhelm Scheele gefundene Reaktion von Arsenwasserstoff AsH_3 (Arsin) zu Arsen. Marsh stellte fest, dass beim Erhitzen das Arsin in metallisches Arsen und Wasserstoff zersetzt wird. Wie Scheele, reduzierte Marsh zunächst das Arsen in der Arsensäure in Anwesenheit von Schwefelsäure mit Zink zu Arsin nach der Gleichung:

$$2H_2AsO_4 + 9Zn + 9H_2SO_4 \rightarrow 2AsH_3 + 9ZnSO_4 + 8H_2O$$

Das entstehende Gas wurde jedoch nicht an die Luft abgegeben. Arsin wurde durch ein Glasrohr, das mit einem Brenner erhitzt wurde, übergeben. An den Ausgang des Glasrohres legte er ein Porzellanplättchen. Nach dem Erhitzen wurde das Arsen in Form

eines glänzenden Metallspiegels auf der Plättchenoberfläche hinterlegt.

$$2AsH_3 \rightarrow 2As + 3H_2 \uparrow$$

Diese Methode erlaubte, den Arsengehalt in der Größenordnung von einem Tausendstel Milligramm (Mikrogramm-Mengen) zu erkennen.

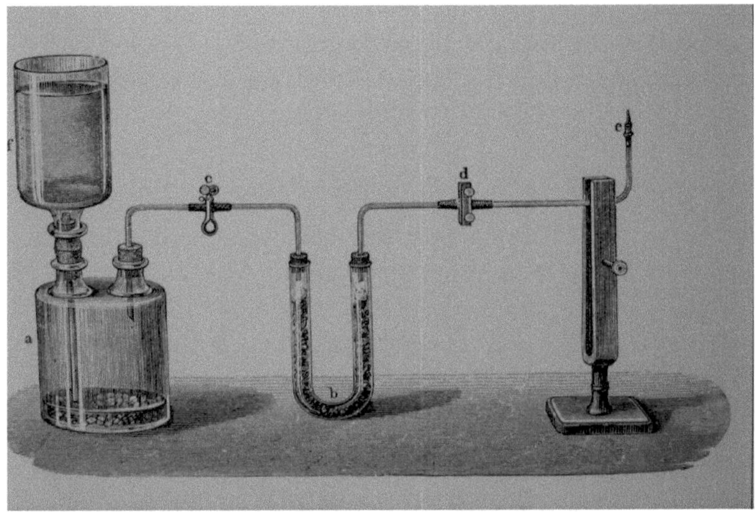

Marshsche Apparatur für Arsen-Nachweis.

Lange Zeit wurde spekuliert, dass Napoleon Bonaparte ebenfalls mit Arsen vergiftet wurde, nachdem man nach seinem Tod in seinen Haaren höhere Konzentration von Arsen fand. Wahrscheinlicher erscheint heute aber, dass nicht ein Mörder, sondern die damals verwendete arsenhaltige Tapetenfarbe die Quelle des Gifts war.

Fingerabdrücke oder die Suche nach daktyloskopischen "Täter-Spuren"

Die häufigsten Spuren an einem Tatort stellen die Fingerabdrücke dar. Da diese für jeden Menschen einzigartig sind, sind sie für die Beweisführung in Strafdelikten unabdingbar.

Das Wort **Daktyloskopie** stammt aus dem Griechischen, in der Übersetzung bedeutet es „Finger anschauen".

Unter Daktyloskopie versteht man die Auswertung der Verschiedenartigkeit der Hautlinien an den Fingerkuppen, den Handflächen und den Fußsohlen der Menschen zum Zwecke der Verbrechensaufklärung und der Personenidentifizierung durch die Kriminalpolizei. Es wurde oftmals zum Ausdruck gebracht, dass die Daktyloskopie eine junge bzw. neuzeitliche Wissenschaft sei. Das ist aber keineswegs der Fall.

Es kann mit großer Wahrscheinlichkeit als sicher angenommen werden, dass den Assyrern und Babyloniern die Daktyloskopie schon bekannt war. Das soll aus Untersuchungen von vielen Tontafeln hervorgehen, die bei Ausgrabungen zwischen Euphrat und Tigris

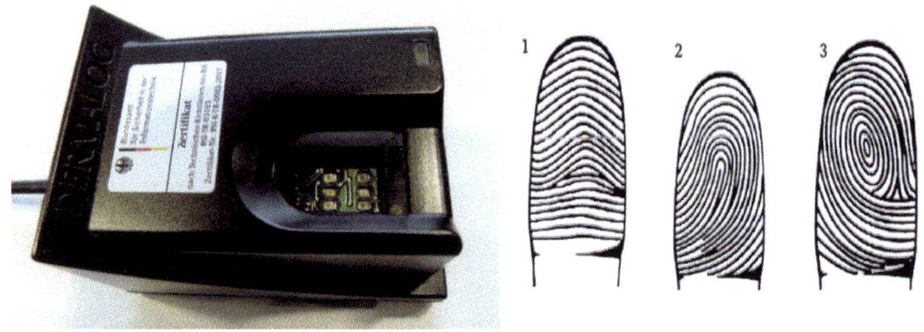

Fingerabdruckscanner.   *Fingerabdrücke: 1. Bogen
2. Schlingen 3. Spiralringe.*

in der Nähe von Ninive gefunden wurden und an denen neben Nageleindrücken auch teilweise noch schwache Spuren von Papillarlinienbildern festgestellt werden konnten.

Mit Sicherheit kann aber auf Grund geschichtlicher Überlieferungen gesagt werden, dass der Fingerabdruck in seiner vorgeschichtlichen Form zuerst um das Jahr 700 v. Chr. in alten China als „Unterschrift" auftaucht. Aus dieser Zeit sind noch Urkunden, wie z B. Schuldscheine, erhalten geblieben, die neben der Unterschrift deutlich sichtbar Fingerabdrücke aufwiesen. Auch im benachbarten Japan wurden ähnliche Feststellungen gemacht.

Während nun die Chinesen und Japaner mehr durch Zufall als durch systematische Forschung auf die Bedeutung der Finger- und Handflächenabdrücke aufmerksam wurden, haben sich seit dem späteren Mittelalter europäische Forscher und Wissenschaftler eingehender mit den Papillarlinienbildern beschäftigt. Als erster muss hier der italienische Arzt und Naturforscher Marcello Malphighi genannt werden, der in einem bereits im Jahr 1686 von ihm herausgegebenen Werk von sogenannten Runzeln in den Handflächen spricht, die verschiedenartigste Figuren bilden. Malphighi entdeckte die Keimschicht der Haut (malphigische Schicht) und stellte fest, dass in dieser die Tastwarzen wurzeln bzw. verankert sind. Diese Keimschicht, die zwischen Oberhaut und Lederhaut liegt, hat nach ihm die Bezeichnung „Malphighisches Netz" erhalten.

Im Jahr 1823 wurde die Untersuchung und Einteilung verschiedener Mustertypen durch den tschechischen Mediziner Purkinje durchgeführt. Durch den Arzt Dr. Henry Faulds und den britischen Kolonialbeamten Sir William James Herschel folgte 1880 die Erkenntnis, dass Fingerabdrücke unveränderlich sind und somit zur Identifizierung genutzt werden können. 1888 entwickelte der Berliner Tierarzt Dr. Wilhelm Eber einen „Utensilienkasten für die Tatortdaktyloskopie", der jedoch von den Behörden abgewiesen wurde. Der britische Naturforscher Sir Francis Galton, ein Vetter von Charles Darwin, entwickelte das System der Sicherung, Auswertung und Kategorisierung von Fingerabdruckspuren weiter und legte sie einem britischen Regierungsausschuss unter Vorsitz von Sir Edward Richard Henry vor. Das daraus hervorgegangene System zur Klassifizierung wird als Galton-Henry-System bezeichnet und wurde schnell in Europa und Amerika eingeführt Es wurden auch bald Systeme zum automatisierten Vergleich geschaffen.

Die erste offizielle Anwendung des Fingerabdruckverfahrens in den USA fand 1903 in der Stadt New York statt. In Deutschland wurde die Einführung der Daktyloskopie 1903 maßgeblich durch den Polizeipräsidenten Köttig in Dresden vorangebracht.

Eine daktyloskopische Spur besteht aus ca. 97% bis 99% Wasser. Im Rest befinden sich Aminosäuren und Eisenbestandteile. Eine Altersbestimmung ist in der Regel nicht möglich. Auf Papier werden Spuren noch nach 5 - 7 Jahren sichtbar gemacht. Ob eine Spur sichtbar gemacht werden kann, hängt von vielen Faktoren ab.

Je nach Art der Oberfläche werden zur Sicherung von daktyloskopischen Spuren unterschiedliche Methoden wie Ninhydrin mit **Cyanacrylsäureester** sowie die **Gentianviolett-Methode** verwendet.

Das abgelöste Ninhydrin wird mit Essigsäure angesäuert und dann mit einem Sprühgerät auf die zu untersuchende Fläche aufgesprüht. Zur Entwicklung des Abdrucks wird er einige Minuten über Wasserdampf gehalten. Ninhydrin reagiert mit den Aminosäuren und Eiweißen im Schweiß unter Bildung eines blauen Komplexes.

Cyanacrylsäureester (häufiger Bestandteil in Sekundenklebern) wird in einer speziellen Verdampfungskammer, in der sich das zu untersuchende Objekt befindet, verdampft. Dabei polymerisiert der Ester an einem Fingerabdruck. Nach einiger Zeit kann man den Fingerabdruck mittels verschiedener Methoden sichtbar machen (z.B. UV-Licht). Cyanacrylat eignet sich gut für Kunststoffe aller Art, Metalle, Glanzpapier, feines Leder sowie für glatte, lackierte oder versiegelte Flächen. Es ist ungeeignet für Spurenträger, die nicht beeinträchtigt werden dürfen.

Die Gentianviolett-Methode ist eher ein klassisches Färbeverfahren, bei der der Farbstoff bevorzugt am organischen Material haftet. Die Mischung wird aus 50 ml Ethanol, 10 g Phenol, 5 g Kristallviolett und destilliertem Wasser zubereitet; sie bewirkt mit einigen Bestandteilen der daktyloskopischen Spur eine chemische Reaktion. Eine Kombination ist die Cyanacrylat-Methode, bei der anschließend mit Kristallviolett das entstandene Polymer gefärbt wird.

Eine sensitive Begutachtung des Erfolgs von Fingerabdrücken kann mit Hilfe der Flugzeitsekundärionenmassenspektrometrie (ToF-SIMS) erfolgen. Diese Analysemethode liefert Informationen über die atomaren und molekularen Zusammensetzungen der obersten Monolage eines Festkörpers.

Heute wird keine Stempelfarbe mehr benötigt. Die elektronische Erfassung der Abdrücke erfolgt mit Hilfe eines speziellen Fingerabdruckscanners.

Die Analyse der biologischen Spuren - **der genetische Fingerabdruck** - gehört heute zu einem der wichtigsten Felder einer polizeilichen Ermittlungsrichtung. Die revolutionäre DNA-Typisierung ist heute so sicher wie noch keine kriminalistische Methode zuvor. Mit dieser Methode der Kriminalbiologie für die rechtsmedizinisch-kriminalistische Arbeit begann zuerst die amerikanische Bundespolizei FBI. Nach zahlreichen Ermittlungserfolgen wurde sie einiger Zeit später auch in England beim Forensic Science Service (FSS) des Innenministeriums umgesetzt.

Im menschlichem Blut finden sich nicht nur rote Blutzellen - Erytrozyten, die ihren Zellkern verlieren und daher keine DNA enthalten, sondern auch weiße Blutzellen - Leukozyten, die die normalen Zellkerne mit der DNA besitzen.

Eine ältere **RFLPs-Methode** (Restriktionsfragmentlängenpoly-morphismus), die in den 80er Jahren von dem Biochemiker Ed Southern entwickelt wurde, erfordert lange, unfragmentierte DNA-Fragmente, die bis zu 20000 Basen lang sein müssen. Die RFLPs-Methode beginnt mit einem Schneidemolekül (Restriktionsenzym), das die verschieden lange DNA-Fragmente aus dem Erbsubstanzfaden herausholt, indem der ganze DNA-Faden an vorgegebenen Stellen in Tausende Fragmente zerlegt wird. Danach werden die Fragmente in die Schlitze einer Gelplatte pipettiert und in diesem Gel, das aus der Algensubstanz Agarose besteht, werden die Fragmente in einem elektrischen Feld der Länge nach sortiert. Dann werden die DNA-Fragmente auf eine Membran aus Nylon wie ein Spiegelbild übertragen. Jedes DNA-Fragment bleibt dabei an der Stelle der Membran liegen, an der es im Gel lag. Die Nylon-Membran mit den DNA-Fragmenten wird mit UV-Licht bestrahlt oder in einem Ofen bei ca. 80°C für eine Stunde getrocknet. Damit wird die DNA-Übertragung beendet.

Liegt die DNA nach der Übertragung auf der Nylonmembran, so wird sie mit speziellen Sonden sichtbar gemacht. Das sind kurze DNA-Fragmente, die aufgrund ihres Aufbaus von ein oder zwei festgeklebten DNA-Fragmenten, den gesuchten Allelen, angezogen werden und sich dort festlagern. Man nennt das Hybridisierung durch komplementäre Basenpaarung. Weil die Sonden mit Hilfe eines an sie gekoppelten Leuchtmoleküls dazu gebracht werden können, bei einer Wellenlänge von 477 Nanometer schwach zu glimmen, legt man die Nylonmembran auf einen Röntgenfilm und lässt ihn über Nacht belichten. Überall dort, wo sich die Sonden an eines des gesuchten DNA-Fragments gebunden haben, wird der Röntgenfilm bei der Entwicklung schwarz gefärbt. Mittels der weißen Membran entsteht durch die auf ihr angedockten Sonden schließlich ein Muster dünner Streifen auf dem Röntgenfilm – ein klassischer genetischer Fingerabdruck.

Heute greift man im Labor zu einer eleganten Biotechnik, die ihrem Erfinder Kary Mullis 1993 den Nobelpreis für Medizin eingebracht hat. Die Methode funktioniert im Grunde wie ein normaler Fotokopiervorgang, bei dem man einzelne Seiten eines Buches beliebig oft kopieren kann, ohne den Rest des Buches mitkopieren zu müssen. Die Kopiertechnik im Labor heißt **Polymerasekettenreaktion** (polymerase chain reaction, PCR). Die Bezeichnung leitet sich von dem Namen des Moleküls ab, das den Kopiervorgang im Reagenzgefäß durchführt, der Polymerase. Eine Kettenreaktion ist die Methode deshalb, weil anders als beim Fotokopieren bei der chemischen Reaktion sehr schnell immer mehr Kopien entstehen: nach jeder Kopierrunde wird die Kopien Anzahl verdoppelt, also zwei, vier, acht usw. Die rasante, exponentielle Vervielfältigung der gewünschten DNA-Abschnitte führt dazu, dass schon nach etwa 30 Kopierrunden viele Millionen Kopien der kriminalbiologisch interessanten DNA-Abschnitte in einem kleinen Tropfen

Flüssigkeit vorliegen. Das bedeutet, dass selbst aus winzigsten Spuren noch genügend DNA für eine Untersuchung zu gewinnen ist.

Die kopierte DNA-Menge ist nun leicht zu handhaben. Um die Länge der darin enthaltenen Fragmente zu messen, gibt man einen Teil der Flüssigkeit (z.B. drei Mikroliter) auf ein puddingartiges Gel aus Polyacrylamid und setzt es unter Strom. Genauer gesagt, wird der obere Rand des Gels negativ und der untere Rand positiv geladen. Obwohl die DNA selbst negativ geladen ist, wird sie im Gel zum unteren, positiven Pol hingezogen. Nach etwa drei Stunden stoppt man die elektrophoretische Trennung. Nun liegen die durchsichtigen DNA-Fragmente ihrer Größe nach sortiert im Gel. Die kleineren Fragmente liegen weiter unten, weil sie schneller durch das Maschengeflecht des Gels schlüpfen, die größeren Fragmente liegen weiter oben, weil sie sich wegen ihrer Größe langsamer durch das Netzwerk arbeiten.

Das Gel wird danach genau wie ein Schwarzweiß-Foto mit Silbernitrat entwickelt. Die aufgetrennten DNA-Fragmente werden dabei als schwarze Linien sichtbar. Neben den DNA-Fragmenten, deren Länge man nicht kennt, werden immer auch DNA-Fragmente bekannter Länge im Gel mitlaufen gelassen. Dann wird verglichen, wie weit die bekannten von den unbekannten Fragmenten entfernt sind, so lässt sich deren Größe sicher berechnen. Eine andere beliebte Methode ist, ein Gemisch aller bisher gefundenen DNA-Abschnitte im Gel mitlaufen zu lassen. Weil es nur eine begrenze Anzahl von kopierbaren Abschnitten gibt, vergleicht man in diesem Fall zur Längenbestimmung einfach die unbekannten Fragmente mit denen aus dem Gemisch. Diejenigen Fragmente, die auf derselben Höhe im Gel liegen, haben dieselbe Länge. Da die Längen des Fragmentengemisches bekannt sind, braucht man in diesem Fall nicht einmal zu rechnen. Beide Längenmessmethoden sind sehr präzise; es hängt vorwiegend von der Philosophie eines Labors oder den Vorschriften des jeweiligen Landes ab, welche Methode in der täglichen Praxis eingesetzt wird.

Weinpanscherei: Verordnung und Verbrechen

Die gesetzlichen Verordnungen gegen Verbrecher der Weinpanscherei sind seit dem Altertum bekannt. Im Jahre 795/812 wurde die Capitulare de Villis (Verordnung über die Krongüter und Reichshöfe) durch Karl den Großen angeordnet. Seit dem Mittelalter sind mehrere Edikte in verschiedenen Territorien zum Verbot des Bleizusatzes oder der zu starken Schwefelung bei Androhung der Todesstrafe veröffentlicht.

So steht in der Anordnung von Carl Friedrich, Markgraf zu Baden vom 27. November 1752 : „Und ob wir gleich nicht in Erfahrung haben bringen können, dass .... die Verfälschung des Weines mit Spiesglas, Silberglött und anderen Mineralien gesehen wäre; so wollen wir doch dasselbe hiermit dergestalt verboten haben, dass alle diejenigen, welches solches verüben sollten, ohne alle Gnade mit dem Strange von dem Leben zu deren Tode gebracht werden sollen."

Über Jahrtausende war der Mensch das einzige „Analyseinstrument": Beobachten, was passiert. Im Altertum wurden dafür die einfachsten Tests nach Weinverfärbungen durchgeführt.

Erst im Mittelalter, etwa ab dem 17. - 18. Jh., entwickelte sich eine seriöse Analyse von Weinbestandteilen.

Im Jahr 1697 entwickelte Eberhardo Gockelio den Bleinachweis. „Dass aber der Wein mit erstgedachter schädlichen Materi verfälschet und gestrichen werden sene / solches wird auf folgende Weise probiert. Man nehme erstgedachten Weins ein kleines von drei oder vier Unzen Gläßlein voll und gieße darunter 10 bis 12 Tropfen von den Oleo Vitrioli recttificatissimo, oder von dem auf das allersubtileste recttificierten Vitriolöl so wird und bleibt der Wein wann derselbe mit obgedachten liquore adulteriret und gestrichen ist / ganz trüb und weiß wie eine Buttermilch; Ist er aber mit dieser Materi nicht gestrichen so bleibt der Wein schön und klar."

$$Pb^{2+} + H_2SO_4 \rightarrow PbSO_4\downarrow \text{ (weiß)} + 2H^+$$

Später wurden noch die weiteren chemischen Methoden zum Bleinachweis mit Salz-, Chromsäure, Blutlauge sowie Reaktionen mit Schwefelwasserstoff von M.I. Weißmann (Liquor Wurtembergicus, 1707) und A.F. Fourcroy (Französische Probe, 1786) entwickelt.

Bekannte Reaktionen mit Schwefelwasserstoff wurden so beschrieben:

„Ist in einer Flüssigkeit Arsenik aufgelöst enthalten, so wird dieses" - nach Zugabe von einigen Tropfen flüchtiger Schwefelleber – „durch eine gelbe, oder nachdem viel Arsenik vorhanden ist, rote Farbe und Erscheinung eines ebenso gefärbten Niederschlags entdeckt. Das in einer Flüssigkeit aufgelöste befindliche Spießglanzmetall (Sb) wird dadurch mit einer Orangenfarbe zu Goldschwefel …. niedergeschlagen. Außerdem aber erscheint ….durch diese Schwefelleber mit Flüssigkeiten, welche Eisen und Kupfer aufgelöst enthalten, eine schwarze Farbe."

Kenntnisse über Physik und Chemie explodierten im 18. - 19. Jahrhundert. Erst wurden die qualitativen Nachweise von anorganischen Komponenten des Weines entwickelt und seit dem 19. Jh. die organischen Bestandteile untersucht. Weinanalytik war zu Beginn reine Schadstoffanalytik zum Nachweis der An- und Abwesenheit gefährlicher Stoffe. Es kamen Kenntnisse in der Beurteilung der Analysenwerte hinzu wie z.B. Authentizität um zu beurteilen, ob es ein Naturwein ist oder nicht. In der Schadstoffanalytik kamen Methoden wie Wasserdampfdestillation, Titration der Säure mit Lauge, Destillation, Dichtemessung, Eindampfen, Rückstand wägen usw. zur Anwendung.

Schon 1680 wurde von Johann Joachim Becher ein tragbares Laboratorium beschrieben. Das bekannteste jedoch ist das des Apothekers und Chemikers J.F.A. Göttling (1755 – 1809) mit seinem „Probier-Cabinet".

Das „Probir-Cabinet" bestand aus einem zweiteiligen Holzkasten von etwa 31 mal 24 mal 24 Zentimeter und enthielt 38 Reagenzien, eine kleine Waage mit Gewichten, Mörser und Pistill, einen

Trichter, ein Lötrohr und zwei kleine Gläschen. Mehr Gefäße waren nicht nötig, da es damals üblich war, chemische Versuche in Wein- und Wassergläsern oder in Tassen durchzuführen. Zum ersten quasi-modernen Chemie-Experimentierkasten avancierte das Set jedoch durch das dazugehörige Anleitungsbuch „Vollständiges chemisches Probir-Cabinet zum Handgebrauche für Scheidekünstler, Ärzte, Mineralogen, Metallurgen, Technologen, Fabrikanten, Ökonomen und Naturliebhaber", das aus zwei Teilen bestand. Im ersten Teil wurde jedes Reagenz und die damit möglichen Nachweisreaktionen in je einem eigenen Kapitel vorgestellt, insgesamt wurden 152 Versuche beschrieben. Im zweiten Teil fanden sich Einsatzmöglichkeiten dieser Reaktionen für jede der im Titel genannten Berufsgruppen, worunter der „Gebrauch für Ärzte" mit 57 Seiten den größten Teil ausmachte. Hier wurden Untersuchungen von Mineralwasser, die Analyse von gepanschtem Wein sowie die Aufdeckung von Vergiftungen beschrieben.

Da die Apothekenvisitationen damals den Ärzten oblagen, dürften jedoch die Untersuchungen zur Echtheit pharmazeutisch-chemischer Zubereitungen, die ebenfalls beschrieben wurden, am wichtigsten gewesen sein.

Als Folge des Streits erschien Göttlings zunächst geplanter und in Anzeigen angekündigter zweiter Teil der Anleitung, der sich mit der Analyse auf dem trockenen Weg (Lötrohr) hätte beschäftigen sollen, nie. Auch der erste Teil erlebte keine Neuauflage. Erst elf Jahre später legte Göttling mit der „Praktischen Anleitung zur prüfenden und zerlegenden Chemie" (Jena 1802) ein Kompendium zeitgenössischer Analysemethoden vor, das als Fortentwicklung des „Probir-Cabinets" angesehen werden kann.

Schwieriger Nachweis oder „echter" Leonardo

Zumeist ist der Kopist unsicherer als der von ihm kopierte Maler: Duktus und Schichtaufbau stimmen mit dem des kopierten Malers nicht überein. Es sei an dieser Stelle aber auch auf die vielen ehemals Rembrandt zugeschriebenen Werke seines Schülers Govaert Flinck verwiesen, der den Stil seines Lehrherrn meisterhaft beherrschte. Eine sehr hochproblematische und extrem kontrovers diskutierte Ausnahme stellt auch Schuffeneckers Kopie eines heute Vincent van Gogh zugeschriebenen Sonnenblumenstraußes dar. Dieser malte nicht nur zur gleichen Zeit im Atelier van Goghs, sondern benutzte auch dessen Farben und signierte mit van Goghs Namen.

Besondere Vorsicht ist geboten bei neuen, aber künstlich gealterten Objekten. Mit Knochenleim erzeugtes Craquelé, mit Licht und Wärme erzeugte Farbveränderungen, im Klimaschrank erzeugtes Schwinden und Quellen von Bildträgern, Kopien auf altem Material, übermalte, auf Leinen kaschierte Drucke, insbesondere von Chromolithographien, machen eine Unterscheidung dem Laien manchmal schwer. Dennoch, eine natürlich gewachsene Patina ist nicht leicht nachzustellen, sie unterscheidet sich grundlegend in Zusammensetzung und Gleichmäßigkeit von künstlich Erzeugtem. Mittlerweile gibt es aber auch spezielle Literatur in der auch dargestellt wird, wie Fälschungen und Fälschungserkennung vom Mittelalter bis ins 21. Jahrhundert praktiziert wurden. Auch namentlich bekannte Fälscher, ihre Methoden und Spezialgebiete werden aufgelistet.

Die mittlerweile populärsten Erkennungsmöglichkeiten sind derzeit: kunsthistorischer Vergleich, Mikroskopie, Untersuchung mit ultravioletten oder infraroten Lichtstrahlen, Röntgenuntersuchung, Studien der Mikroschliffe. Zudem können chemische Analysen von Bindemitteln und Pigmenten die Echtheit an den Tag bringen, sind aber oft zu teuer.

Die gebräuchlichsten, mit Probenentnahmen und zerstörungsfreien naturwissenschaftlichen Untersuchungsmethoden sind:

- Mikroanalyse: Mikrochemische Analyse für Pigmente und Bindemittel unter Zusatz von Reagenzien.

- Chromatographie.

- Abrieb: Wattestäbchen werden nach Kontakt mit der Oberfläche analysiert. Probleme können bei gefirnissten Oberflächen auftreten.

- UV-Fluoreszenzuntersuchung: Zum Nachweis von Überzügen, Übermalungen, Retuschen.

- Infrarotreflektographie: Unterzeichnungen werden verglichen, bei Werkstattarbeiten oder von mehreren Händen ausgeführten Vorzeichnungen und Teilen von Vorzeichnungen kann es zu Interpretationsschwierigkeiten kommen. Bei Expressionisten und Impressionisten ist die Farbschichtdicke zumeist zu hoch als dass Vorzeichnungen überhaupt gefunden werden können.

- Röntgenaufnahmen: Liefern Summationsbilder zum Aufbau, zu Untermalungen und zu bestimmten Pigmenten.

- Neutronenautoradiographie: Führte bei dem „Mann mit dem Goldhelm" in der Berliner Gemäldegalerie zur Aberkennung der Zuschreibung an Rembrandt.

- Dendrochronologie.

- Laser-Profilometrie: Bestimmung von Oberflächen vor und nach der Behandlung und Bestimmung von Übermalungsgrenzen.

- 3D-Streifenprojektion auf Mikrospiegelbasis: Bestimmung von Oberflächen vor und nach der Behandlung und Bestimmung von Übermalungsgrenzen.

- Neutronenaktivierungsanalyse, deren Einsatz wirksam bei der Bestimmung der Elemente in geringen Konzentrationen besonders ist, trotz der bekannten Schwierigkeiten, fand ihre Verwendung zur Ursprungsbestimmung in der Malerei.

Nahezu alle uns heute bekannten Maler haben sich in der Kopie von damals etablierten Kunstwerken geübt. Ohne einen tatsächlich vorhandenen Bedarf gäbe es die 9428 falschen Rembrandts, die 113254 falschen Watteau aus und die 140000 unechten Utrillos nicht, die in der 60er Jahren beschlagnahmt wurden.

Qualitätsanalyse in der kriminalistischen Praxis

Man kann sagen, dass bis zum Ende des 19. Jahrhunderts die Entwicklung von den klassischen analytischen Methoden abgeschlossen war. Wissenschaftler haben bereits Zugang zur verlässlichen Methoden der qualitativen und quantitativen Analysen für fast alle anorganischen Materialien. Trotzdem wurde die Anwendung dieser Methoden in der forensischen Praxis gebremst, weil einerseits für die Analyse ziemlich große Materialmengen (von 0,01 bis eins Gramm) gebraucht wurden, andererseits bestand die Notwendigkeit, diese Stoffe in die Lösung zu konvertieren. Es war notwendig zu lernen die Beweissachen ohne sie zu zerstören, zu analysieren.

Im Jahr 1893 in Graz, in der ehemaligen österreichisch-ungarischen Monarchie, wurde das Buch von Hans Groß „Handbuch für Untersuchungsrichter als System der Kriminalistik" veröffentlicht, in dem der Autor seine über 20jährige Erfahrung als Kriminalist sammelte.

Er verstand den großen Nutzen bei der Verwendung der neuesten Errungenschaften der Wissenschaft in strafrechtlichen Ermittlungen. Außerdem war er ein aktiver Unterstützer bei der Verwendung der neuen Technologien in der forensischen Wissenschaft, insbesondere des optischen Mikroskops.

In den dreißiger Jahren des 20. Jahrhunderts trat die analytische Chemie eine neue Entwicklungsphase an, was mit der Einführung der instrumentellen Methoden der Analyse verbunden war. In chemischen Laboratorien kamen die physikalischen Geräte zum Einsatz, die Signale und Parameter aufnahmen, die der menschliche Körper nicht beurteilen kann. So wurden die physikalischen Faktoren, welche für analytische Zwecke verwendet wurden, verbreitet. Darüber hinaus haben neue Werkzeuge zum ersten Mal Chemikern ermöglicht, bei sehr niedrigen Substanzenkonzentrationen sehr schwache Konzentrationsveränderungen von Substanzen zu bestimmen, was bei klassischen Methoden unmöglich gewesen war.

Die rasante Entwicklung der instrumentellen Analytik erlaubte problemlose Bestimmung der Konzentrationen im Bereich 10 bis 12 Gramm.

Es wurden neue universell konzipierte Instrumente für ein zusammengesetztes Porträt von Kriminellen nach den Worten der Opfer und Zeugen umgesetzt und eingesetzt. Weiter kamen moderne Ausrüstungen für die Untersuchung und zum Fotografieren der Sachbeweise im UV-, fernes Rot- und IR-Spektrum hinzu.

Kriminelle versuchen oft, die Fabrikmarkierungen auf den Fahrzeugen, Motoren, Uhren usw. zu entfernen. Aber eine vollständige Entfernung aller Spuren, konkret von Zeichen und Zahlen ist nicht möglich. In der Tat ändern sich zur gleichen Zeit auch die internen physikalisch-chemischen Eigenschaften des Materials: Härte, Duktilität, Leitfähigkeit, Korrosionsbeständigkeit. Durch die Anwendung von bestimmten chemischen, thermischen, magnetischen, elektrochemischen und anderen Methoden sind diese Änderungen messbar. Die Kriminalisten benutzen ein Gerät, das die gesägten Ziffern und Zeichen auf den metallischen Gegenständen, insbesondere auf den Waffen wiederherstellt.

Lassen Sie uns näher eine der jüngsten in der Art der zerstörungsfreien forensischen Untersuchungen wie die **Spektralanalyse** betrachten. Einige frühe Experimente wurden von dem Linsenschleifer und Physiker Joseph von Fraunhofer durchgeführt, der sich auf Vorarbeiten – unter anderem von Isaac Newton und William Wolaston - stützte und ein Gerät konstruierte, das aus einer Linse, einem Prisma und einem kleinen Fernrohr zusammengebaut war.

Der Chemieprofessor aus Heidelberg und Erfinder des Bunsenbrenners Robert Wilhelm von Bunsen hatte zusammen mit dem Physiker Gustav Robert Kirchhoff die Idee, das Spektroskop an ein Mikroskop zu koppeln. Damit war eine sehr zuverlässige Methode zum Nachweis von Hämoglobin entwickelt.

Mit der Hilfe der Spektralanalyse konnte man Blut sogar nach Jahren in alten Flecken erkennen. Es wird einfach das Licht, welches durch das rot gefärbte Medium fällt, untersucht. Mit einem geeigneten spektralen Okular wird beobachtet, ob sich das farbige Spektrum in irgendeiner Weise verändert. Die rote Farbe des frischen oder oxidierten Bluts wird von zwei dunklen Absorptionslinien unterbrochen, die sich am Übergang zwischen Gelb und Grün beziehungsweise in der Mitte des grünen Bereichs befinden. Ist das Blut sehr frisch und hellrot, dann sind die beiden Linien wohldefiniert und lassen sich sehr gut auflösen.

Mittels Röntgenfluoreszenzanalyse und Röntgendiffraktometrie identifiziert man die Art der Verbindung, ihre Zusammensetzung, Qualität und Menge der Inhaltsstoffe. Für die Analyse reicht eine extrem kleine Menge des Materials, die Probe wird nicht verändert oder zerstört. Im Zweifelsfall kann eine erneute Untersuchung am gleichen Material erfolgen. Es ist möglich, Metalle und Legierungen, Pigmente, Farben, mineralische Komponenten von Böden, Baustoffe, Medikamente, Gifte, Explosivstoffe, chemische Fasern und vieles mehr zu untersuchen.

Besonders vielversprechend ist die Röntgendiffraktometrie bei der Untersuchung von Materialien komplexer Zusammensetzung (Talkum, Kaolin, etc.), wenn die chemischen Methoden zu keinen endgültigen Schlussfolgerungen über die Natur der Materie führen. Röntgen-Phasenanalyse wurde zunehmend in der forensischen Ballistik und technischen Expertise eingesetzt.

Am Ende der sechziger Jahre des 20. Jahrhunderts begannen die Kriminalisten die **Elektronenmikroskopie** zu erkunden. Sie ist für die Studie von sehr kleinen Objekten unverzichtbar, bei der keine anderen Methoden eingesetzt werden können. Das enorme Auflösungsvermögen des Elektronenmikroskops erlaubt die Morphologie auf der submikroskopischen Ebene zu erkennen.

Mit dessen Anwendungen wurden Studien an vorher unzugänglichen Teilen von Farbpigmenten, Zement, Ruß und anderen Substanzen verfügbar. Zum Beispiel kann man durch Analyse von Rückständen kleinster Mikroorganismen aus Kreide die Basis des

Kitt beurteilen. Bei der Untersuchung von Autolacken stellt die Elektronenmikroskopie anhand der mikromorphologischen Eigenschaften und Kristallstruktur von durchsichtigen Proben ihre Unterschiede dar.

In der forensischen Praxis ist ein Fall beschrieben, in dem die Kriminalisten die Mineralwollfasern eines Verdächtigen untersuchten. Unter dem optischen Mikroskop befand der Experte, dass die Fasern des T-Shirts und der Proben nach der Form und faseriger Einschlüsse identisch sind. Durch die Messung der Faserdicke glaubte sich der Experte in diesem Fall überzeugt. Um die Chance eines Fehlers vollständig zu eliminieren, einigten sich die Kriminalisten, die feine Struktur der Watte aus glasigen (Silikat-)Fasern an zuschauen.

Rasterelektronenmikroskop.

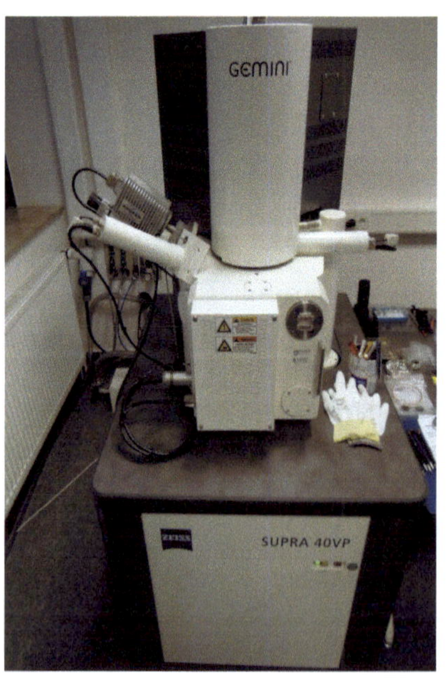

Optisches Schema eines Rasterelektronenmikroskops.
1, 2, 3 - Elektronenquelle, Beschleuniger 4. - 5. Erste Linse (Kondensor); AB – Objekt 6. Dia phragma 7. Zwischenbildebene mit Lochblende 8. Zweite Linse (Objektiv) 9. Dritte Linse (Projektiv) 10. Analysator.

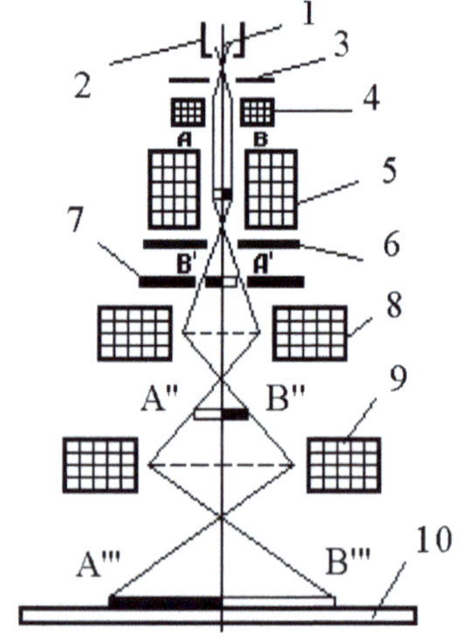

Da die grundlegenden mechanischen Eigenschaften von verschiedenen Silikatfasern von den Mikrodefekten der Oberfläche abhängig sind, wurde ein Vergleich der Form und der Abmessungen der Faser mittels eines Durchsicht-Elektronenmikroskops durchgeführt. Die Ergebnisse zeigten, dass die Mikrodefekte in den Fasern des T-Shirts und der verdächtigen Proben identisch waren.

Da Kriminalisten oft unterschiedliche Materialien, Stoffe, Produkte untersuchen müssen, ist die hochsensible Spektralanalyse eine große Hilfe zur wirtschaftlichen Bewertung der chemischen Zusammensetzung. Bei der Emissionsspektralanalyse werden die Stoffe durch die Emission interpretiert, welche die Atome im Plasma abstrahlen.

Emissionsspektroskopie erweiterte stark die Möglichkeiten der Kriminalisten. Leider ist sie nicht immer hilfreich. Wenn eine molekulare Zusammensetzung von komplexen organischen Verbindungen analysiert werden muss, z.B. die filmbildende Substanzen von Farben, Erdölprodukte, Polymere, Kunststoffe, synthetische Fasern, Pasten, Kugelschreiber, Medikamente, etc., wird man die **Infrarot-Spektroskopie** (IR-Spektroskopie) verwenden. Die einzelnen Komponenten der Materialprobe werden mittels der IR-Spektroskopie identifiziert.

Außer IR- wird auch die **Ultraviolett-Spektroskopie** (UV-Spektroskopie), die gute Ergebnisse in der Untersuchung von Erdölprodukten, chemischen Lösungsmittels, Farben und Medikamente gibt, verbreitet angewandt.

Die UV-Spektroskopie erhöht die Relevanz der metallographischen Methoden, um die Details der Fahrzeuge mit verschiedenen Verletzungen (Beschädigungen) zu untersuchen. Bei der Analyse der Kornstruktur von Metallen und Legierungen erscheint die Art ihrer Phasen, die Art der thermischen und mechanischen Behandlung und ebenso die Anwesenheit eines inneren Defektes. Weitere Analysen erfolgen mit metallographischen Mikroskopen und anderen speziellen Geräten. Schlussendlich helfen solche Untersuchungen die Frage nach den Ursachen des Detailbruches des Fahrzeugs,

die bei einem Verkehrsunfall beteiligt sind, zu beantworten. Gibt es
möglicherweise keine entsprechende Einrichtung, bauen die Kriminalisten originale Messgeräte selbst auf.

Jede Untersuchung der Faserstoffe fängt mit der mikroskopischen Untersuchung an, welche die morphologische Struktur,
Farbeigenschaften und metrischen Fasereigenschaften zeigt. Für
die chemischen Fasern ist ein Polarisationsmikroskop geeignet. Mit
diesem Gerät können die Fasern zersetzungsfrei untersucht werden. In schwierigen Fällen hilft eine Rasterelektronenmikroskopie.
Bei einer 100000 fachen Vergrößerung ist die Faserstruktur deutlich
sichtbar, und der Trennmechanismus des Gewebes ist leicht zu de-
finieren. So kann man die Einwirkung von hellem Sonnenlicht, hohen Temperaturen und aggressiven Medien identifizieren und verfolgen.

Faserstoffe werden mittels der physikalisch-chemischen Methoden untersucht, die relativ einfache aber auch sehr komplizierte
spezielle Geräte und Einrüstungen brauchen. Zum Beispiel ist die
Tropfmethode für ein Ablösen der Fasern in den chemischen Reagenzien die einfachste. So wird in der Regel die Art der Faser
(z.B. Viskose, Acetat, Triacetat) bestimmt. Die Farbe der Faserstoffe
wird durch die chromatographische Analyse untersucht, um zwischen ähnlichen Farben der Fasern nach ihrer chemischen Struktur
und Marken zu unterscheiden. Diese Studien werden mit der Hilfe
von Ultraviolett- und Infrarot-Spektrometer durchgeführt.

Die Kriminalisten verwenden für eine Trennung der komplexen
Mischungen die unterschiedlichen Arten der Chromatographie um
kleinste Mengen von Verunreinigungsstoffe zu identifizieren. An
erster Stelle steht die Hochleistungsflüssigkeitschromatographie
(HPLC). Sie findet Anwendung in der Kriminalistik bei der Analyse der brennbaren Stoffe, Wein-, Branntweinerzeugnisse und Dro-
genstoffe.
Die tägliche kriminalistische Praxis setzte auch auf die **Bodenuntersuchung**. Experten suchen die Spuren des Bodens an Beklei-
dung, Schuhwerk, Autotransport und anderen Objekten. Darauf

bestimmt der Experte Gruppenzugehörigkeit des Bodens und vergleicht sie mit einem Bodenmuster vom Tatort.

In der forensischen Praxis wird oft eine Bodenuntersuchung durchgeführt. Experten untersuchen die Bodenspuren auf der Kleidung, an Schuhen, Fahrzeugen und anderen Objekten. Dann bestimmt der Experte die Gruppe des Bodens und vergleicht sie mit den Mustern vom Tatort.
Diese Untersuchungen beinhalten komplexe und ganze Methodenreihen, die alle Komponenten des Bodens wie organische Stoffe, Sand-Fraktion, Ernterückstände, Ton usw. zu untersuchen erlauben. Zur Bestimmung der physikalischen und morphologischen Eigenschaften der Böden greifen die geologischen Experten auf mineralogische Studien zurück. Die organischen Stoffe werden mittels der Papierchromatographie, Elektrophorese, Elektronenmikroskopie analysiert. So hilft z.B. die Emissionsspektralanalyse bei der Analyse solcher chemischen Eigenschaften des Bodens wie Säure- und Carbonatgehalt.

Dies ist nur ein Teil der harten Arbeit, um festzulegen, von genau welcher Grundstücksfläche der Boden an Schuhen oder Hosen kam.

Definition der Stoffe durch Chromatographie

Der russische Biologe Mikhail Zwetov (1820 - 1872) war der Begründer der wissenschaftlichen Chromatographie. Für seine ersten chromatographischen Experimente nahm Zwetov ein Pflanzenextrakt, das grün gefärbt war. Der Wissenschaftler vermutete, dass Chlorophyll nicht eine einzelne Verbindung, sondern eine Mischung mehrerer Komponenten ist.
Zuerst wurden die getrockneten grünen Blätter gerieben, danach wurde das Pulver mit Ethanol versetzt. Das Chlorophyll extrahierte in dem Ethanol. Dann nahm Zwetov ein mit Kreidemehl gefülltes Glasrohr und goss sein grün gefärbtes alkoholisches Extrakt rein. An der oberen Schicht bildete sich ein grüner Ring und am

Boden des Röhrchens begann das farblose Ethanol zu tropfen. Dann wurde Benzol ins Rohr gegossen, im Kreidemehl bildeten sich mehrere Ringe unterschiedlicher Farbe. Zwetov beobachtete entlang des Rohres von oben nach unten sechs unabhängige ring-förmigen Zonen (gelb, gelb-grün, dunkelgrün und drei gelbe Ringe).

Was passierte in dem Rohr? Kreide (Calciumcarbonat $CaCO_3$) verzögert oder in der Sprache der Chemiker, adsorbiert aus der gegossenen Lösung die einzelnen Bestandteile des Gemisches, welche Blätter grün erscheinen lassen. Als Folge der Adsorption kann eine Substanz aus der Lösung komplett auf eine feste Oberfläche übertragen werden. Eine solche Verschiebung des Chlorophylls auf die feste Oberfläche (Kreide) und die Farbänderung wurde im Experiment beobachtet.

Chromatographische Methoden liefern eine Definition der fraktionierten und molekularen Zusammensetzung von Stoffen. Eine Verbreitung erfuhr die Dünnschichtchromatographie in der Analytik von organischen Stoffen wie Fette, Öle, Arzneimittel, Farbstoffe, Textilfasern und Sprengstoff. In der technischen Expertise ist es möglich, mit ihrer Hilfe eine Differenzierung der Tinten, sowie Registrierung der Unterschiede aufgrund von Prozessvariationen darzustellen. Gas-Flüssigkeits-Chromatographie wird für die Untersuchung von Lebensmitteln, alkoholischen Getränken, Tabak-, Kunststoff-, Klebstoff, Gummi, Sprengstoffe, etc. angewendet.

Kriminalisten verwenden mehrere Arten der chromatographischen Analyse, die die komplexen Mischungen zu trennen vermögen und winzige Mengen von Spurenverunrei-nigungen zu identifizieren helfen.

In den frühen 50er Jahren wurde von J.S. Mills und A. Werner (London National Gallery) für die Erforschung von natürlichen Harzen in der Malerei die Methode der Papierchromatographie verwandt. Trotz einiger Mängel, nicht immer einer klaren Trennung der Mischung und der Notwendigkeit einer signifikanten Menge für die Analyse, wurde diese Methode in großem Umfang in vielen Museen und Restaurationslabor angewendet. Bald wurde die Papierchromatographie durch die Dünnschicht-Chromatographie ersetzt. Diese Methode erlaubte eine klarere Trennung von Gemischen in kürzerer Analysezeit. Eine noch empfindlichere, aber kompliziertere, ist die Methode der Gaschromatographie, welche die genaue Identifizierung der organischen Bestandteile in der Malerei erlaubt.

Immer höhere Anforderungen an das Studium der Materialien der Malerei um überzeugende Beweise für die technologischen Besonderheiten der Arbeitsausführung bestimmter Zeiträume oder einzelner Künstler zu erhalten, machten es notwendig, die Bindemittel schichtweise in der Grundierung zu bestimmen. Zu diesem Zweck boten in den frühen 70er Jahren M. Johnson, E. Packard und andere ein verbindliches Verfahren zur Identifizierung in den Abschnitten oder dünnen Schnitten durch Färbung des Querschnittes der Schichten histochemische Farbstoffe an.

Neutronen bombardieren Materialien

Die Neutronenaktivierungsanalyse wurde viel schneller als die anderen analytischen Methoden in die Kriminalistik eingeführt. Obschon dieses Verfahren sehr kompliziertes Gerät und Ausrüstung erfordert, ist es das einfachste Prinzip. Es ist bekannt, dass viele chemische Elemente in ihrem Grundzustand keine Radioaktivität enthalten, aber nach der Bestrahlung sind sie radioaktiv. Für die Strahlung werden meistens die neutralen Teilchen – Neutronen eines Kernreaktors oder einer radioaktiven Quelle - verwendet.

Bei einer Wechselwirkung der Kerne der stabilen Elemente mit Neutronen wandeln sie sich in radioaktive Elemente um und emittieren die Strahlung mit einer charakteristischen Energie. Durch die Aufnahme dieser Strahlung kann man feststellen, zu welchem radioaktiven Element sie gehört.

Die Messungen der Gammastrahlung ergeben eine Möglichkeit, nicht nur die Halbwertszeit zu bestimmen, sondern auch wichtige

Informationen über die Zusammensetzung der Substanz zu erhalten. Nach der Gammastrahlungsenergie kann man die einzelnen Elemente identifizieren. Im Gammaspektrum ist es einfach, durch die einzelnen Peaks der Strahlungsenergie zu unterscheiden. Anhand der Intensität dieser Peaks erhält man die zuverlässigen Informationen über die Konzentration der entsprechenden Elemente.

Die Neutronenaktivierungsanalyse erlaubt Kriminalistik eine Klärung der Umstände des **Todes von historischen Persönlichkeiten**. So wurde eine seltsame Krankheit von Newton untersucht, die Ursache des Todes des schwedischen Königs Erik XIV. und eine Haarlocke von König Charles II. Neutronenaktivierungsanalyse wurde nach der Ermordung von Präsident Kennedy und des Todes des ersten Bürgermeisters von Zürich angewandt.

Beim Studium der antiken Münzen hilft die Neutronenaktivierungsanalyse den Experten zur Identifizierung der Fälschungen.

In Museen und privaten Sammlungen finden sich **viel mehr römische als altgriechische Münzen**. In den letzten Jahren wurden römische Münzen immer wieder auf Fälschungen mit verschiedenen analytischen Methoden untersucht.

Die gewonnenen Daten werfen ein neues Licht auf die Geschichte und Wirtschaft des antiken Roms.

Eine umfangreiche Sammlung von römischen Silbermünzen - etwa 700 Exemplare - studierten mittels der Neutronenaktivierungsanalyse die englischen Physikern D. Gibbons und D. Lawson. Durch Zeitstempel für nahezu alle Münzen mehr oder weniger genau bekannt, decken sie drei Jahrhunderte der Existenz des antiken Roms ab. Die älteste Münze datiert 27 v. Chr. und gehört zur Zeit der Herrschaft des Augustus. Die „Jungen" sind in 275 n. Chr. unter Aurelian erschienen. Die Sammlung war in dem Sinne repräsentativ, weil große Gruppen von Münzen während der sehr kurzen Herrschaft der Kaiser geprägt wurden.

Der Silberanteil in den römischen Münzen variierte in einem sehr breiten Bereich von drei bis 70%. Das Interessanteste war seine reguläre Senkung beim Übergang vom früheren zu den späteren Zeitpunkten der Ausgabe. Der maximale Silberanteil in Münzen von 60 bis 70% wurde während der Regierungszeit des Kaisers Augustus (30 v. Chr.) bis Claudius (54 n. Chr.) aufgezeichnet. Unter Nero (54 - 68 Jahre n. Chr.) sinkt der Silberanteil auf 55% und erhöhte sich wieder leicht bei den Münzen von den Kaisern Galba, Otto, Vitellius, Vespasian und Titus. Zur Zeit des römischen Kaisers Marcus Aurelius (von 161 bis 180 n. Chr.) lag der Silberanteil bei fast 50%, aber danach nahm er stark ab. Die beobachtete Tendenz entspricht genau dem Beginn des Niedergangs des Römischen Reiches, das Wachstum der wirtschaftlichen Schwierigkeiten und dem Beginn der verheerenden Kriege. Die abermalige Senkung des Silberanteils in den Münzen ist für die Zeit nach der Herrschaft des Caracalla (211 - 218 n. Chr.) typisch. Es ist bekannt, dass nach dem Jahr 230 n. Chr. in der Geschichte des antiken Roms die Zeit der inneren Unruhen und militärischen Anarchie war.

Es war die Zeit, in der die Legionen gegeneinander kämpften, um den eigenen Protegé auf den Thron zu setzen. Im Jahr 275 n. Chr. wurde der Silbergehalt in Münzen auf drei Prozent abgesenkt.

Somit reflektieren die Studien von römischen Münzen die enorme Inflation zu wichtigen Entwicklungen in der Geschichte des antiken Roms.

Im Jahr 1972 berichteten auf der II. Internationalen Konferenz über die Anwendung der Neutronenaktivierungsanalyse (NAA) in der Kriminalistik die niederländischen Forschere van Dalen und andere, dass Fälschungen der antiken römischen Münzen gefunden wurden. Es wurden über zweitausend Silbermünzen aus der königlichen Sammlung in Den Haag betrachtet. Die niederländische königliche Sammlung von Münzen ist eine der ältesten der Welt und ihre Münzen können in den meistens Fällen über die Jahrhunderte als authentisch angesehen worden. Alle Münzen gehörten zum ersten Jahrhundert n. Chr., der letzten Phase der römischen Republik und entsprachen der frühen Kaiserzeit. Gewicht und Größe der Münzen waren in dieser Zeit wie folgend: Gewicht - 0,8 g, Durchmesser - 11 mm, Dicke - 2 mm.

Für die Strahlung wurde der niedrige Neutronenfluss mit der Dichte von $2,5 \times 10^{10}$ Neutronen pro Quadratzentimeter pro Sekunde verwendet. Die Strahlungszeit betrug zwei Minuten. Der Effekt der Reduktion (Depression) der Neutronen wurde überwacht und für jede Münze berechnet. Wie zuvor wurde der Silbergehalt nach dem langlebigen Isotop Silber-110 bewertet. Neben Silber wurden das Kupferspektrum und das Gold in den Münzen bestimmt.

Die Analyseergebnisse zeigten, dass ein erheblicher Münzenanteil aus der Sammlung, die früher als Silbermünzen galten, in der Tat nur an der Oberfläche mit Silber bedeckt waren. Jede 15. der untersuchten Münzen enthält weniger als 10% Silber, der Rest ist Kupfer. Die Neutronenaktivierungsanalyse sagt aus, dass die Zahl der Fälschungen deutlich steigt, insbesondere bei vielen Münzen, die mit hoher Wahrscheinlichkeit noch in der antiken Zeit gefälscht wurden.

Von großem Interesse ist auch die Arbeit von französischen Wissenschaftlern, die sich mit dem Studium der römischen Münzen der ersten Hälfte des 4. Jhs. mittels Neutronenaktivierungsanalyse beschäftigt haben. Im Jahr 285 n. Chr. wurde das Römische Reich geteilt. Diokletian gab den westlichen Teil an Maximilian ab, so dass er den Osten für sich beanspruchte. Acht Jahre später wurde Rom von vier Männern und zwar von zwei Kaisern und zwei Caesaren geführt. Constantius erhielt Gallien, Spanien und Großbritannien. Konstantin (Sohn von Constantius und seine Frau Helen), der zum Kaiser in Jahre 306 ausgerufen wurde, hatte einen blutigen Kampf mit seinem Rivalen zu führen, vor allem mit Licinius, der die Stelle des Kaisers des Oströmischen Reiches (Diokletian trat im 305 zurück) besaß. Im Jahr 325 n. Chr. besiegte Konstantin Licinius und konzentrierte alle Macht in seinen Händen. Es wurden insgesamt über 200 Münzen aus fast 30 Jahre der Herrschaft von Konstantin mit der Bestimmung des Gehaltes von Silber, Kupfer, Zinn und Gold untersucht. Für die Mehrheit der Münzen war man in der Lage, nicht nur die Zeit, aber den Ort der Ausprägung zu bestimmen.

Im 315 n. Chr. betrug der Silbergehalt in den römischen Münzen
knapp 4%, aber in späteren Jahren war er weiter rückläufig. Im
Jahr 320 n. Chr. führte Kaiser Konstantin einen neuen Silbergehalt
von 2% bei den Münzen ein. Zum gleichen Zeitpunkt nahm sein
Rivale Licinius im Gebiet des Oströmischen Reiches eine weitere
Abwertung vor. Aus diesem Grund war das Silber so gut wie ver-
schwunden. Zwischen den Jahren 330 und 335 ist der Silbergehalt
in den Münzen von Konstantin wieder auf eins bis zwei Prozent
zurückgegangen, aber in der Zeit von 335 bis 337 (das Datum des
Todes von Konstantin) ist ein leichter Anstieg des Silbergehaltes zu
beobachten.

Den chemischen Methoden in der Kriminalistik widmen sich
Bücher, Monographien und Lehrbücher. Es werden auch wieder-
kehrend regionale, nationale und internationale Konferenzen abge-
halten. Viele Forschungslaboratorien beschäftigen sich mit den Methoden, sie können auch an Schulen und Universitäten studiert
werden. Einige unterhaltsame Leitfaden wurden für Lehrer und
Schüler veröffentlicht. Chemische Methoden der Analysen werden
in spielerischen Versionen in einigen Schulen verwendet, um die
Modelle der „Verbrechen" offen zu legen. Zum Beispiel verwenden
Detektivschüler die Papierchromatographie um herauszufinden,
wer eine „kriminelle" Notiz geschrieben hat.
Vielleicht gerade deshalb gibt es in den letzten Jahren so viele neue
Entwicklungen, die die wirklichen Probleme der Detektive verein-
fachen.

Der Chemiker Sherlock Holmes und
die kriminalistische Kunst

"Elementary, my dear Watson".

Sir Pelham Grenville Wodehouse
„Psmith, Journalist", 1915

Sherlock Holmes und Chemie

Aus den Romanen von Sir Conan Doyle (1859 - 1930) über Sherlock Holmes wissen wir, dass der berühmteste Detektiv breite Chemiekenntnisse hatte. Noch während seines Studiums im College in London führte Holmes die Versuche der organischen Chemie durch („Die Gloria Scott"). Danach studierte er an der UNI und während der Freizeit ergänzte Holmes seine Kenntnisse der Informationen, die ihm im zukünftigen Beruf helfen könnten („Das Musgrave-Ritual"). Außerdem arbeitete Sherlock Holmes einige Zeit als Laborant in einer Klinik in London. Im Anfang des Romans „Eine Studie in Scharlachrot" charakterisierte ihn Watson`s Begleiter:

- „Ein Freund, der im chemischen Laboratorium im Hospital arbeitet...Ich glaube, er ist ganz gut in Anatomie, und er ist ein erstklassiger Chemiker".

Doktor Watson schrieb später auch, dass Holmes „tiefere Kenntnisse in der Chemie" hat.

Doyle beschreibt riskante chemische Versuche des Holmes, die die Wohnung oft mit stickigen oder giftigen Dämpfen füllten. „Unsere Zimmer waren ständig voller Chemikalien und krimineller Reliquien" erwähnt Dr. Watson in „Das Musgrave-Ritual" und „eine gewaltige Menge von Flaschen und Reagenzgläsern sowie der stechende, saubere Geruch von Salzsäure sagte mir, dass Holmes den Tag mit seinen geliebten chemischen Arbeiten zugebracht hatte" („Eine Frage der Identität"). Im Wohnungsmuseum auf der Baker-Street gibt es den „mit Säureflecken übersäter Kiefertisch" (Das leere Haus) auf welchem Sherlock Holmes die Versuche durchführte und ein „von Säuren gebranntes Regal mit Chemikalien" („Der Mazarin Stein").

Doktor Watson merkte in seinen Notizen an, dass er ziemlich oft Holmes „an seinem Seitentisch, bekleidet mit seinem Morgenrock sah, wo er in eine chemische Untersuchung vertieft war" („Der Flotten Vertrag").

Sherlock Holmes Denkmal in Moskau.

„Er war sehr wortkarg und beschäftigte sich mit einer schwierigen chemischen Analyse. Nach vielem Erhitzen von Retorten und Destillieren von Dämpfen entwickelte sich endlich ein Geruch, der mich aus dem Zimmer trieb. Bis zu den frühen Morgenstunden konnte ich ihn unter seinen Kolben und Flaschen hantieren hören; offenbar machte er sich noch immer an seinem übelriechenden Experiment zu schaffen" — beschwerte Watson sich in „Das Zeichen der Vier".

„Sherlock Holmes hatte stundenlang über eine Porzellanschale gebeugt gesessen, in der er ein besonders übelriechendes chemisches Produkt braute" („Die tanzenden Männchen"). Seine Hände waren permanent „überall von ähnlichen Pflästerchen gescheckt und durch starke Säuren verfärbt" („Eine Studie in Scharlachrot"): das war wahrscheinlich ein Ergebnis seiner Arbeit mit konzentrierter Salpetersäure, welche bei einem Kontakt mit Protein zur Verfärbung der Haut in gelbe Farbe führt (Xanthoprotein-Reaktion).

Man muss zugeben, dass der berühmteste Detektiv die Chemieversuche nicht nur aus seiner Liebe zur Chemie durchführte. Sie halfen ihm bei der Aufklärung der kompliziertesten Verbrechen und waren allgemeine sehr nützlich für seine berufliche Tätigkeit. Arbeit mit Giften („Ich muss vorsichtig sein, weil ich nämlich häufig mit Giften hantiere", - sprach Holmes bei der Bekanntschaft mit Watson) und Drogen (zum Beispiel mit den Verbindungen aus der Wurzel der Pflanze „Teufelsfuß", sie wirken sich stark auf das Nervensystem des Menschen aus), Aufdeckung und Identifikation der Stoffspuren unterschiedlicher Herkunft - das alles erforderte umfassende Fachkenntnisse der Medizin, analytischer, organischer und bioorganischer Chemie. Der Hauptheld von Sir Conan Doyle benutzte oft verschiedene neue chemische Methoden, Tests oder ganz einfach Materialien, die noch nie oder nie für diese Anwendungen verwendet wurden. Darüber hinaus erscheinen sie so real, dass der Leser diese als sich historisch ereignende Fakt in Erinnerung behält.

Sherlock Holmes Museum. (*Originaldatei auf Wikimedia Commons*).

Da die Rekonstruktion eines Tatherganges neben den polizeilichen Ermittlungsergebnissen oft im Zusammenspiel mit den Befunden aus der Forensischen Medizin, Forensischen Chemischen Analysen und Forensischen Toxikologie erfolgt, sollen Einblicke auch in einige Arbeitsmethoden von Sherlock Holmes gegeben werden.

Der Sherlock Holmes Blut-Test in „Eine Studie in Scharlachrot"

Im Roman „Eine Studie in Scharlachrot" gibt es eine Szene, in der Sherlock Holmes behauptet, den chemischen Test entdeckt zu haben, der perfekt für einen Blutnachweis in einer Probe funktioniert.

„Es war ein großer Raum, gesäumt und übersät von zahllosen Flaschen. Breite, niedrige Tische standen allenthalben herum, die von Retorten, Reagenzgläschen und kleinen Bunsenbrennern mit

bläulich flackernden Flammen starrten. … Beim Geräusch unserer
Schritte sah er sich um und sprang mit einem Freudenschrei auf –
Ich hab`s gefunden! Ich hab`s gefunden! - rief er meinem Begleiter
zu, wobei er uns mit einem Reagenzgläschen in der Hand entge-
genlief. - Ich habe ein Reagenz gefunden, das von Hämoglobin und
von nichts anderem ausfällt - das ist die praktischste gerichtsmedi-
zinische Entdeckung seit Jahren!...

- Wir brauchen frisches Blut- sagte er; dabei bohrte er eine lange
Nadel in seinen Finger und saugte den Blutstropfen mit einer
Pipette auf.

- Jetzt gebe ich diese winzige Blutmenge in einen Liter Wasser.
Sie sehen, dass die Mischung reines Wasser zu sein scheint. Das
Verhältnis von Blut zu Wasser kann nicht größer als eins zu einer
Million sein. Trotzdem habe ich keinerlei Zweifel daran, dass wir
die charakteristische Reaktion erreichen können. Während er
sprach, warf er einige weiße Kristalle in das Gefäß; danach gab er
ein paar Tropfen einer durchsichtigen Flüssigkeit dazu. Sofort
nahm der Inhalt eine dumpfe Mahagonifärbung an, und ein bräun-
licher Staub setzte sich auf dem Boden des Glaskruges ab.

- Ha, Ha – rief er; er klatsche in die Hände und sah so hingeris-
sen aus wie ein Kind mit einem neuen Spielzeug. - Was halten Sie
davon?

- Es scheint ein sehr empfindliches Probeverfahren zu sein – bemerkte ich.

- Wundervoll!! Wundervoll!! Die alte Guajak-Probe war sehr
umständlich und unzuverlässig. Das gilt auch für die mikroskopi-
sche Untersuchung auf Blutkörperchen. Sie ist wertlos, wenn die
Flecken einige Stunden alt sind. Das hier scheint dagegen sowohl
bei altem als auch bei frischem Blut zu funktionieren. Wenn der
Test schon früher erfunden worden wäre, dann hätten Hunderte
von Leuten, die jetzt noch auf Erden wandeln, schon längst für ihre
Verbrechen gebüßt. Jetzt haben wir die Sherlock-Holmes-Probe,
und in Zukunft wird es keine Schwierigkeiten mehr geben“.

Schauen wir genau an, was Sherlock Holmes über seinen Blut-
test sagte:

„Ich habe ein Reagenz gefunden, welches durch Hämoglobin
ausfiel, und nichts durch anderes."

Mit anderen Wortern, wenn nach einer Zugabe dieser Chemika-
lie sich die Farbe der Lösung ändert und ein Niederschlag auftritt,
enthält die Probe Blut. Wenn es keinen Niederschlag gibt, ist es
kein Blut. Absolut kein Zweifel.

Als ein Prototyp von Holmes gilt Dr. Joseph Bell, Chirurg und
Professor der Edinburgh UNI, wo Conan Doyle studierte. Doktor
Bell hatte die Gewohnheit beim Erscheinen eines Patienten die
Studenten zu fragen: „Welche Schlussfolgerungen können Sie aus
Ihren Beobachtungen ziehen?" Danach erklärte er, dass Falten und
Abnutzung einer Hose einen Schuhmacher verraten, der Tag für
Tag in seiner Werkstatt sitzt und die Schuhe zwischen den Beinen
hält. Oder dass es für Militärs charakteristisch ist den Hut in einem
Raum nicht abzunehmen. Und er hatte recht. Doktor Bell stellte
manchmal eine Diagnose bevor der Patient seinen Mund öffnete.
Er war der erste Detektiv-Berater, dessen Hilfe die Polizei etwa 20
Jahre lang benutzte.

Einige dieser ´Eigenschaften und Fähigkeiten des Dr. Bell besaß
Sir Conan Doyle: er interessierte sich für die geheimnisvollen
Verbrechen viele wurden von ihm glänzend aufgeklärt.

Aber sowohl Doktor Bell als auch sonst jemand anderer entdeckte einen solchen Test tatsächlich. Heute gibt es bei den Foren-
sik-Experten im Allgemeinen zwei Arten von Bluttests, die von Forensikern durchgeführt werden: mutmaßliche Bluttests und bestätigende Bluttests. Die mutmaßlichen Tests sagen ihnen, dass eine
Probe wahrscheinlich Blut ist. Die Bestätigungstests garantieren,
dass das eine Blutprobe ist.

Warum braucht man zwei Tests? Könnte man die Bestätigung nicht
direkt durchführen? Doch, man kann und tut es manchmal. Die Be-

stätigungstests sind jedoch im Vergleich zu den mutmaßlichen Tests in der Regel ziemlich teuer.

Modifizierter Guajak-Test.

In „Eine Studie in Scharlachrot" erwähnte Sherlock Holmes den „Guajak-Test" - einen der ersten wichtigen Präsens-Tests. Der wurde 1861 - 1862 entwickelt aber, wie Sherlock Holmes es ausdrückte, war "die alte „Guajak-Probe" sehr umständlich und unzuverlässig."

Das Harz des Guajak-Baums wurde mit Alkohol, Wasserstoffperoxid und Äther in bestimmten Proportionen vermischt, mit einer zu untersuchenden Flüssigkeit versetzt und geschüttelt. Enthielt sie Hämoglobin, kam es zu einem Farbumschlag - die Mischung verfärbte sich blau.

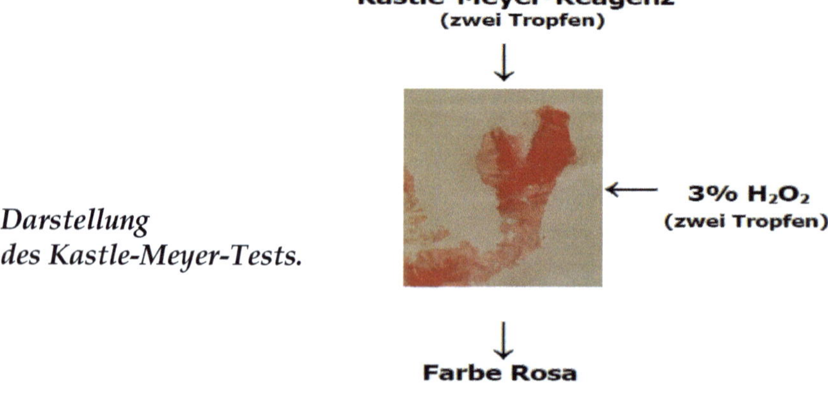

Darstellung des Kastle-Meyer-Tests.

Dies bedeutet, dass in Anwesenheit von Hämoglobin eine Guajak-Verbindung mit Wasserstoffperoxid reagiert und sich die Farbe der Lösung ändert. Aber: Im Guajak-Test bildet sich kein Niederschlag.

Es wurden später viele weitere nicht eindeutige Tests entwickelt, die durch Hämoglobin eine Farbveränderung aufwiesen. Genau wie andere mutmaßliche Tests ergab der Guajak-Test keine eindeutigen Ergebnisse. Eine Probe könnte wahrscheinlich Blut sein. Oder vielleicht auch nicht.

Der Kastle-Meyer-Test (1903) wird bis heute verwendet, um das Vorhandensein von Blut nachzuweisen. Der Reaktionsablauf mit der „Guajak-Probe" ist ähnlich: Hämoglobin unterstützt die Reaktion von Phenolphthalein mit Wasserstoffperoxid. Wenn die Probe Blut enthält, ändert sich die Farbe von Phenolphthalein zu rosa, darüber hinaus besteht keine Garantie, dass es definitiv Blut ist. In diesem Fall gibt es auch keinen Niederschlag.

Um Blut zu erkennen, wurden von den forensischen Experten Luminol (1936) und Fluorescein- Sprays (Ende der 90er Jahre) verwendet. Diese Tests haben einen besonderen Wert bei der Suche nach versteckten Blutflecken, weil die Test-Chemikalien mit Hämoglobin zu Bildung von leuchtenden Substanzen reagieren! Luminol ist ein Top-Favorit aller Detektive im Fernsehen – nach dem Sprühen leuchtet ein Fleck Blau auf.

Wie bereits erwähnt, gibt es bestätigende Bluttests, die eine Blutermittlung in der Probe garantieren.

Im Jahr 1901 entwickelte der deutsche Bakteriologe und Hygieniker Dr. Paul Uhlenhuth einen überwältigenden Test, der nicht nur die Anwesenheit von Blut garantierte - er garantierte sogar die Erkennung von menschlichem Blut! Dieser Test beinhaltet Präzipitate und wird *Präzipitin-Test* genannt.

Obwohl in gewisser Weise dieser Test wegen der Präzipitatenbildung dem Holmes-Test am ähnlichsten ist, reagieren tatsächlich die im menschlichen Blut vorhandenen Antigene mit hinzugefügten menschlichen Antikörpern durch Bildung von weißen Präzipitaten.

Der RSID-Test (Rapid Stain Identification Series) ist ein weiterer Bestätigungstest, der auf dem Nachweis von Blut beruht. Dieser Test ist heutzutage in der Kriminologie sehr populär, weil er extrem einfach durchzuführen ist. In weniger als 10 Minuten erfährt man mit fast 100%-iger Genauigkeit ob:

- eine Probe Blut enthält und ...

- dass es menschliches Blut ist!

Dieser Test erkennt kein Hämoglobin im Blut, sondern ein als Glycophorin-A bezeichnetes Antigen, es bildet sich auch kein Niederschlag.

Es gibt auch zwei Bestätigungstests - der Teichman-Test und der Takayama-Test (1912), die wegen ihrer Unsicherheit nicht so populär sind. Sie beinhalten die Kristallbildung durch Erhitzen von getrocknetem Blut mit der Zugabe entweder Eisessig oder Pyridin.

Was gibt es im Finale des "Sherlock Holmes Blut-Tests"?

Es gibt kein einziges Reagenz auf der Erde, welches sich nur durch Hämoglobin ausfällt und bestätigt, dass das eine Blutprobe ist. So etwas wie ein „Sherlock Holmes`Bluttest" existiert nicht. Es gibt eine ganze Reihe von mutmaßlichen Tests, die in Anwesenheit von Hämoglobin einen Farbwechsel beinhalten. Aber sie sagen nicht: "Ja, diese Probe ist Blut und sonst nichts."

Gleichzeitig gibt es viele Tests, die zu 100% bestätigen, dass die Probe Blut enthält. Vor allem sagen diese Tests ob es menschliches Blut ist oder nicht. Diese Tests, wie der Präzipitin-Test, beinhalten einen Niederschlag - allerdings nicht so, wie es Sherlock Holmes beschreibt. In diesen Tests findet keine Reaktion mit Hämoglobin statt, sondern es kommt zu einer Antigen-Antikörper-Reaktion.

Chemolumineszenz und „Der Hund der Baskervilles"

Im Roman „Der Hund der Baskervilles" geht es um einen Monster-Hund, welcher seit Jahrhunderten ein Fluch des Baskerville-Hauses ist. Sherlock Holmes stellt klar fest, dass der Lehrer Stapleton aus der Familie Baskerville stammte und nimmt an, dass er mittels einer Verwendung der Legende vom Monster-Hund und der verschiedenen Tricks das Erbe des Baskerville-Hauses bekommen wollte. An einem Abend organisierte Holmes im Sumpf, in der Nähe des Stapleton` Hauses, einen Hinterhalt und erschoss den Hund.

„Ich legte die Hand auf die glimmende Schnauze, und als ich sie dann emporhielt, leuchteten und glühten meine eigene Finger in der Dunkelheit", - schrieb Doktor Watson - „Phosphor, sagte ich".

„Ein geschickt bereitetes Phosphorpräparat", - sagte Holmes; er roch an dem toten Tier. „Kein Geruch, der die Witterung des Hundes hätte beeinträchtigen können".

Ein an der Luft von Phosphor bzw. einem phosphorhaltigen Präparat bläuliches Leuchten heißt Chemolumineszenz, es handelt sich um eine chemische Reaktion, eine sogenannte Gasphasenoxidation. Eine Bildung von gasartigen Oxidationsprodukten wie P_2O_3 sind die Ursache eines Phosphin-Geruches. Aus allen allotropen Formen von Phosphor (weißer, roter, schwarzer) ist die Chemolumineszenz nur für den weißen Phosphor charakteristisch.

Der weiße Phosphor besteht aus tetraedrischen P_4-Molekülen bis zu Temperaturen unterhalb 800°C. Die Struktur des Moleküls entspricht daher seiner hohen Reaktionsfreudigkeit. Die freien Elektronen von Phosphor sind ein „Lockmittel" für die anderen Atome die bereit sind ein fremdes Elektron anzuschließen. Dass bedeutet, dass sie in einer chemischen Bindung die Elektronenpaare an sich ziehen (sie besitzen eine hohe Elektronegativität). Die Chemolumineszenz verläuft bis alle freie Elektronen durch eine kovalente Bindung an den Sauerstoff angeschlossen werden und der weiße

Phosphor sich komplett in ein Phosphor(V)-Oxid (Phosphorpentoxid) umwandelt. Danach endet sie sich. Das Phosphorpentoxid reagiert mit Wasser zu einem Gemisch von Phosphorsäuren, deren Zusammensetzungen von der Menge des aufgenommenen Wassers und anderer Bedingungen abhängen.

Es ist bekannt, dass der weiße Phosphor nicht nur sehr giftig ist (Letale Dosis für Erwachsene beträgt 0,05 bis 0,15 g), er sollte auch bis zum Gebrauch unter Wasser aufbewahrt werden, weil er sich an der Luft entzündet! Deswegen konnte der im Roman beschriebene Beweisversuch von Dr. Watson sofort zu starken Handverletzungen führen.

Wie in dem Roman zu lesen ist, wurde der Hund des Herrn Stapleton erst abends frei gelassen. In England, besonders in den Regionen mit Sümpfen, steht abends Hochnebel, auf den Doktor Watson hinweist: „...mein Gast gelähmt ob der entsetzlichen Gestalt, die aus den Nebelschatten über uns gekommen war".

Nach der Beschreibung von Dr. Watson „war es weder ein reinrassiger Bluthund noch eine Dogge, sondern schien eine Mischung von beiden zu sein... Es war wirklich ein Bluthund, ein riesiger rabenschwarzer Bluthund, ein Bluthund, wie ihn die Augen von Sterblichen jedoch niemals geschaut haben. Feuer schlug in einem verhaltenen Lodern, Schnauze, Nacken und Wamme waren von flackernden Flammen gezackt. Auch die Wahnträume eines kranken Hirns könnten nichts gebären, das grausiger, erschreckender, höllischer wäre als diese dunkle, grässlich anzusehende Gestalt".

Da Bluthunde und Doggen ein dichtes aber kurzes Fell haben, sollte der Hund der Baskervilles nach dem Einschmieren seiner Schnauze mit Phosphor sowohl die thermischen als auch die chemischen Brandwunden bekommen, bis zum Absterben der Kiefer und dem Verlust der Augen.

Der Leser fragt wahrscheinlich, was ist mit der heutigen Armbanduhr, die in der Dunkelheit leuchtet? Werden dort auch der weiße Phosphor oder Phosphorverbindungen verwendet? Nein, das ist eine wissenschaftliche Erfindung, die heute jeder Mensch begreifen kann. Aber das ist eine andere Geschichte.

Sherlock Holmes - der Wissenschaftler

„Er ist ein Enthusiast, was einige Wissenschaftszweige angeht. Es kommt nahe an Gefühllosigkeit heran. Ich kann mir vorstellen, wie er einem Freund eine kleine Dosis des neuesten vegetabilen Alkaloids gibt; nicht böswillig, sondern einfach aus einem Forschungsdrang heraus, um sich eine genaue Vorstellung von der Wirkung machen zu können. Ich will nicht ungerecht sein; ich glaube, daß er es selbst mit der gleichen Bereitwilligkeit einnehmen würde. Er scheint eine Leidenschaft für präzises,exaktes Wissen zu haben", so sagte Herr Stamford – ein junger Kollege von Doktor Watson über Holmes („Eine Studie in Scharlachrot"). Aufgrund dessen meinten einige Leute, dass Holmes von der Wissenschaft besessen war.

Beschäftigte sich der berühmte Detektiv mit reiner Wissenschaft? Eine Antwort gibt uns Sherlock Holmes selbst.

„Wieder in Frankreich verbrachte ich einige Monate mit der Forschung an Steinkohle in einem Labor in Montpellier im Süden Frankreichs", - teilte Holmes seine Erinnerungen im Roman „Das leere Haus", der zum ersten Mal im Jahr 1903 veröffentlicht wurde, mit.

In der Mitte des 19. Jhs. wurde von Chemikern erfunden, dass Steinkohlenteer (ein Nebenprodukt der Koksgewinnung aus Steinkohle) eine Quelle zur Gewinnung von verschiedenen Stoffen ist: daraus wurden Benzol, Phenol, Pirrolin, Anilin, Chinoline und die ersten synthetischen Farbstoffe hergestellt. Interessant zu wissen, dass in der UNI der Stadt Montpellier im Anfang des 19. Jahrhunderts ein Fakultät der Naturwissenschaften eröffnet wurde, wo die Hauptfächer Chemie, Biologie und Medizin gelehrt wurden. Dort bereitete Holmes „so liebenswürdigen seinem Herz der chemischen Versuche" („Eine Frage der Identität").

Nach dem freimütigen Geständnis von Holmes fallen schließlich die letzten Zweifel seiner Liebe zur Chemie: "Ich sage dir, Watson, in allem Ernste, könnte ich über diesen Menschen (es geht um Professor Moriarty) triumphieren, könnte ich die Menschheit von ihm befreien, so hätte ich das Bewusstsein, das höchste Ziel in meiner Laufbahn erreicht zu haben, und wäre bereit, mich einer beschaulicheren Lebensaufgabe zuzuwenden. Ich wäre sofort in der Lage, mir eine ruhige Lebensweise, wie sie meinen Neigungen entspricht, zu erwählen und mich völlig meinen chemischen Untersuchungen zu widmen" („Das letzte Problem").

Daraus lässt sich ableiten, dass „Holmes sich bei seiner Tätigkeit weit mehr von der Liebe zu seinem Beruf als von materiellem Gewinn bestimmen ließ, so lehnte er seine Mitwirkung stets ab, wenn die Nachforschungen sich nicht auf einen ungewöhnlichen oder geradezu rätselhaften Vorgang richteten. Unter all diesen verschiedenartigen Fällen weiß ich mich jedoch keines zu entsinnen, der eine gleiche Fülle merkwürdiger Züge dargeboten hätte" („Das gefleckte Band").

Nicht wahr, ein solcher Charakter kann sowohl in einem berühmten Detektiv als auch in einem echten Wissenschaftler stecken! Kann es sein, dass eine solche Leidenschaft die wichtigste Eigenschaft des Charakters jedes Forschers ist?

Im Jahr 1989, hundert Jahre nach der Veröffentlichung des ersten Romans (Eine Studie in Scharlachrot, 1887) über Sherlock Holmes, folgte in der Zeitschrift „Journal of Chemical Education" eine Fortsetzung der spannenden Abenteuer des weltberühmten Detektivs. Die glänzende Idee, neue Geschichten über Sherlock Holmes zu schreiben, entstand in den Köpfen von Thomas G. Waddell und Thomas R. Rybolt - den zwei Chemieprofessoren der University of Tennessee at Chattanooga (USA). Später schloss sich diesem Autorenduett Ken Shaw - ein Lehrer aus The Waterford School in Utah (USA) - an. So erschienen „The Chemical Adventures of Sherlock Holmes". Der Stil und die Sprache der Bücher waren dem Stil von Conan Doyle bezüglich der handelnden Personen Frau Hudson und Doktor Watson sehr ähnlich.

Die Autoren dieser Bücher boten Lehrern, Schülern und Studenten an, über ein wissenschaftliches Problem nachzudenken. Der Leser sollte (manchmal mit Hilfe der angedeuteten Fragen) eine Lösung finden, danach diese mit im Buch gegebenen Antworten vergleichen und sich mit dem Ablauf der Erwägungen bekannt zu machen.

Sorry, fragt der Leser, Holmes hilft den Chemielehrern in ihrer Arbeit, aber sind die Chemiker-Wissenschaftler bereit, ihn als ihren Kollege anzuerkennen?

Sicher! Die Suche nach einer Antwort auf spannende Fragen des Alltags erinnert an die Arbeit eines Detektivs. Eine Beobachtung und Sammlung der experimentellen Daten, Aufstellung einer Hypothese und ihre Prüfung, Wechsel der glänzenden Ideen und ärgerlicher Fehler – das alles sind die Elemente einer wissenschaftlichen Studie und kriminologischen Untersuchung. Oft sollen die Wissenschaftler so virtuos ihre Untersuchungen durchführen, um einen Reaktionsverlauf zu klären oder sich die Struktur eines Moleküls zu vergegenwärtigen, so dass die besten Detektive der ganzen Welt sie beneiden könnten!

Möglicherweise waren die Eigenschaften des Charakters von Sherlock Holmes so wie auch seine breite Verwendung der chemischen Kenntnisse für die Klärung der Verbrechen ein Motiv seiner Auswahl zum Ehrenmitglied der Royal Society of Chemistry (RSC).

Würdigung der Leistungen des Chemikers Holmes

An einem regnerischen Tag - am 23. September 1999 - wurde am Ausgang der U-Bahn-Station „Baker Street" in London das 9. Fuß hohe Bronzedenkmal aufgestellt und feierlich enthüllt.
Die Holmesfigur erschient vor den versammelten Teilnehmern der Zeremonie in der Kleidung gemäß damaligem Wetter in London – in einem langen Mantel, den Hut im Stil des viktorianischen Zeitalters und der Tabakspfeife in der rechten Hand. Er schaut

nachdenklich in die Ferne. Endlich wurde Sherlock Holmes das
Denkmal errichtet, welches seine Leistungen würdigt.

Romanfigur Sherlock Holmes
*an einem kleinen privaten Chemie
labor. (Illustration von Sidney
Paget).*

Dieses Denkmal wurde vom bekannten britischen Maler und
Bildhauer John Doubleday (der Autor der Denkmäler von Charlie
Chaplin in Vevey, Schweiz, The Beatles in Liverpool usw.) erbaut.
Im Oktober 2002 fand ein Ereignis statt, welches breite Resonanz
unter Chemikern der ganzen Welt fand. Es passierte etwas
Ungewöhnliches: Sherlock Holmes wurde zum Ehrenmitglied der
Royal Society of Chemistry (RSC) ausgewählt.

Dr. John Watson *(L),
Mitglied der Royal Society
for Chemistry, hingt um
den Hals des Detektiv`
Denkmals eine Silberme-
daille. London am
16.10.2002. © Reuters*

Früher wurden so nur Nobelpreisträger und auch die berühmte Personen der Wissenschaft und des Business geehrt.

Im Gebäude am Piccadilly, im Zentrum von London, befinden sich außer der Royal Society of Chemistry noch fünf andere Gesellschaften (inklusive Royal Academy of Arts). Es muss angemerkt werden, dass dieses Burlington-Haus-Gebäude im Jahr 1668 von Sir Richard Boyle, 1. Earl of Burlington, dem ältesten Bruder von Robert Boyle, gekauft wurde. Der Name Robert Boyle (1627 – 1691), des berühmtesten Chemikers, Physikers und Philosophen ist uns sehr bekannt; in England gilt er als „Vater der modernen Chemie". Beim Tod des 3. Earls of Burlington im 1753 wurde dieses Haus an die Familie Cavendish, die Verwandten von Boyle-Burlington, überschrieben. Während der Regierungszeit von König Georg IV. war dieses Gebäude das inoffizielle Hauptquartier der britischen Partei Whigs. Im 1814 besuchten das Haus der Imperator Alexander I. von Russland und sein Thronfolger, der zukünftige russische Imperator Nikolai I. aufgrund einer feierlichen Zeremonie des Sieges des Bundesheers (antifranzösischen Koalition) über Napoleon. Heute gehört das Burlington-Haus der britischen Regierung, die es für 999 Jahre für einen symbolischen Betrag verschiedenen Vereinen vermietet.

Die Auszeichnungszeremonie des Sherlock Holmes wurde zu Ereignissen, die vor 100 Jahren stattfanden, festgelegt. Im Jahr 1902 spürte der Superdetektiv den Hund der Baskervilles auf, und im selben Jahr erhielt Sir Arthur Conan Doyle von König Eduard VII. seinen Ehrentitel. Dieses Jahr war denkwürdig, weil genau damals Doyle die Anforderungen des Publikums erfüllte und nach einer neunjährigen Unterbrechung Holmes, der im Roman „Das letzte Problem" von Professor Moriarty getötet wurde, wieder zum Leben erweckte.

Holmes war der erste aus der Literatur bekannte Detektiv, der seine umfassenden chemischen Kenntnisse für die Aufklärungen der Verbrechen benutzte.

Nach den Worten vom Präsident der Royal Society of Chemistry Dr. David John Ciachardi ist nach einhundert Jahren die Zeit gekommen, den Mann, der „immer mit dem Verbrechen kämpfte, und bei deren Aufklärung stets die Errungenschaften der Wissenschaft benutzte sowie seine Furchtlosigkeit und seine klare und logische Gedankenführung" zu ehren. Ciachardi merkte an, dass „für uns besonders wichtig seine Liebe zur Chemie ist, auch dass er sein Wissen und seine Kenntnisse um den Menschen zu helfen benutzte. Er machte es analytisch und kaltblütig. Er hatte die Eigenschaften, die die Gesellschaft in den Vertretern des Gesetzes sehen wollten – persönliche Ehrlichkeit und Kühnheit".

Im Jahr 2004 wurde Sir Alec John Jeffreys, dessen Arbeiten im Jahre 1980 zur Verwendung der DNK-Analyse bei der Aufklärung von Verbrechen führten, die Medaille of the Royal Society verliehen. Sir Arthur Conan Doyle kam ihm durch Holmes vor 120 Jahren mit der Verwendung der Blutanalyse im Kampf gegen die Kriminalität zuvor.

Die Auszeichnungszeremonie des berühmtesten Detektivs der viktorianischen Epoche wurde in 221b Baker Street in London durchgeführt. Zu Ehren von Holmes wurde eine spezielle Silbermedaille geprägt, die ihm von der Royal Society of Chemistry verliehen wurde. Sie wurde um den Hals des Detektiv` Denkmals gehängt - diesen festlichen Akt führte das Mitglied der Royal Society of Chemistry, Doktor der Chemie und ein aufrichtiger Verehrer des Talentes von Sherlock Holmes, der Namensvetter des ergebenen Gefährten und Biografen von Holmes, Doktor John Watson aus.

„Es ist klar", sagte Doktor Ciachardi - „dass Holmes kein lebendiger Mensch war, obwohl er nach der Meinung von Millionen Menschen, die seine Abenteuer in Büchern, Filmen, Radiosendungen und Fernsehserien verfolgen, real ist. Völlig realistisch ist ein positiver Einfluss der Legende über Sherlock Holmes auf die gesellschaftliche Moral und auf sechs oder sieben Generationen Menschen in der ganzen Welt".

Während der Verleihung der Medaille wurde als lebendige Erinnerung an den Hund der Baskervilles ein großer Hund der älteren britischen doggenartigen Rasse zum Denkmal geführt. Er zeigte allerdings keine Spuren chemischer Substanzen.

So wie Sherlock Holmes sein Talent, seine Intuition und Leistungsfähigkeit bei der Aufklärung von Verbrechen halfen, kann ein Anfänger oder berühmter Forscher, der von seiner wissenschaftlichen Suche besessen ist, viele Geheimnisse der Natur begreifen.

Findet der Forscher eine Antwort ruft er: „Elementar, mein lieber Chemiker!"

Metalle in der Medizin: Arzneimittel oder Gifte

„Was wir heute als ein Arzneimittel
verstehen, kann morgen ein Gift sein.
Und was? Die kranken Leute halten
dieses Gift für ein Arzneimittel".

berühmter persischer Dichter Rudaki (858 - 941)

Die Geschichte der Verwendung der Metalle in der Medizin läuft seit Tausenden von Jahren, weil die Metalle im Altertum nicht nur als Konstruktionsmaterialien, sondern auch wegen der heiligen Eigenschaften interessant wurden. Die alten chinesischen und indischen Medizinbücher und ägyptischen Papyri enthalten mehrere Texte über Anwendungen von Edelmetallen wie Gold und Silber. Die Menschen haben gemerkt, wie sich ihr Gesundheitszustand, ihre Laune und ihre Arbeitsfähigkeit bei Kontakt mit Metallen oder bei Verwendung von Salben oder Cremes mit Metallpulver verändert.

Es gibt eine ganze Reihe von Spurenelementen wie zum Beispiel Eisen und Kupfer, deren Mangel im Organismus eine Veränderung der Körperfunktionen auslösen kann.

Traditionelle philosophische und kosmologische Konzepte bestimmten die physiologischen Vorstellungen in der antiken Medizin der Inder und der Chinesen und trafen auf Besonderheiten der Diagnostik und der Behandlungen in diesen Kulturen.

Gemäß einer Legende war der Arzt Qin Yueren (6. Jh. v. Chr.) der Erstbeschreiber der Medizingrundlage im alten China. Sein Lehrer war Sun Simiao (581 - 682), der nicht nur einer der berühmtesten chinesischen Ärzte, sondern auch ein bekannter Alchemist war. Die Herstellung von alchemistischen Arzneimitteln wurde in China während der Ming-Dynastie (1368 - 1644) weit verbreitet.

Die Grundlage der traditionellen chinesischen Medizin ist die philosophische Lehre der fünf Elemente (Metall, Wasser, Holz, Feuer, Erde) und zweier polar einander entgegengesetzter und dennoch aufeinander bezogener Kräfte (Yin und Yang). Alle Prozesse im menschlichen Organismus sollen von ihrer Mitwirkung und ihrem Verhältnis abhängen. Die Gesundheit wurde als ein Ergebnis ihres Gleichgewichtes und eine Krankheit als deren Störung betrachtet.

Wie alte Literaturquellen bestätigen, hatte die chinesische Medizin schon seit rund 3000 Jahre vier Bereiche: innere Medizin, Chirurgie, Diätologie und Tiermedizin.

Chinesische Ärzte verwendeten viele mineralische Arzneimittel wie Quecksilber, Eisen, Antimon, Schwefel, Magnesium und Verbindungen von Kupfer und Silber. Das älteste chinesische medizinische Buch „Medizin des Gelben Kaisers" („Huangdi Neijing", ca. 2. Jh. v. Chr.) enthält das damalige Wissen über verschiedene Teilbereiche der traditionellen chinesischen Medizin, inklusive Akupunktur und Akupressur, welche für das Heilen der Menschen und auch der Tiere verwendet wurden.

Das medizinische Wissen der alten Hindus schließt traditionell die Informationen über Krankheiten der Menschen, Tiere und Pflanzen ein. In der hinduistischen Medizin wurden die Arzneimittel nach ihrer Wirkung verteilt. Es wurden schweißtreibende Brech- und Abführmittel, Diuretika und Stimulatoren, welche als Pulver, Salben und Flüssigkeit bekannt waren und mit Berücksichtigung des Geschlechtes, Alters und dem Körperbautyp verwendet wurden.

In der traditionellen indischen Heilkunst „Ayurveda" („Wissen vom Leben") gibt es ein Sprichwort: "In den Händen des Ignoranten, ist ein Arzneimittel ein Gift und seine Wirkung kann man mit einem Messer, Feuer oder Licht vergleichen. In den Händen erfahrener Leute ist es ein Lebenselixier".

Heilmethoden entstanden im alten Ägypten vor ca. 4000 Jahren. Mit dem Aufkommen der schriftlichen Überlieferung erschienen die ersten medizinischen Texte mit Beschreibungen der Arzneimittel, deren Herstellung und Anwendungen. Es sind heute mehr als 10 medizinische Papyri bekannt, wie zum Beispiel „Kahun" der älteste medizinische Papyrus (1850 v. Chr.). Die umfangreichsten Informationen gibt uns der große medizinische Papyrus Ebers (16. Jahrhundert v. Chr.), der im Jahr 1872 in Theben von Professor Georg Ebers gekauft wurde. Diese medizinische Sammelhandschrift besteht aus 108 Kolumnen mit einer Länge von 20,5 Meter. Papyrus Ebers enthält fast 900 Rezepte zur Behandlung von Herz, Gefäßen, Darm-Erkrankungen, Augen- und Hautproblemen, gynäkologische Erkrankungen sowie Zahn- und Knochenheilkunde. In einem Rezept wurden Bestandteile eines Arzneimittels mit Ablauf seiner Herstellung und Anwendungsdosis beschrieben. Bei den alten Ägyptern wurde ein Behandlungsverfahren zum Entleeren des Organismus unter Verwendung von Brech- oder Abführmitteln angewandt, die zur Ausscheidung der toxischen Stoffe aus dem Körper führten. Ägyptische Ärzte wendeten Aderlass an, hatten Wissen in der Chirurgie, konnten Wunden behandeln und Blutungen stoppen. Archäologen fanden große Mengen an chirurgischen Werkzeugen wie Scheren, Pinzetten, Lanzetten usw., die über Tausend Jahre vor Christus hergestellt wurden.

Die Arzneimittel enthielten mineralische Stoffe wie Antimon, Schwefel, Eisen, Blei, Ton, Soda, Alabaster und Nitrate. Zum Beispiel wurde in einem Rezept des Papyrus Ebers geschrieben: „Man nimmt die Flüssigkeit aus den Schweineaugen, ein Teil Antimon, ein Teil Bleioxid, ein Teil Waldhonig, mischt alles zusammen und bereitet ein Pulver daraus. Dann schüttet man dies in das Ohr des Patienten, danach wird er sofort gesund".

Die alten Griechen glaubten, dass die Strahlen der Sonne eine kristallisierende Wirkung auf die irdische Welt ausübten und diese in verschiedene Metalle umgewandelt wurden. Im alten Griechenland bestand außer der Tempelmedizin noch eine professionelle und rationelle, mit eigenen Kliniken und Schulen, die Asklepieions.

Sie wurden nach dem altgriechischen Gott der Heilkunst Asklepios benannt. Dessen Tochter Panacea galt als Patronin der Arzneitherapie.

Medizinische Schule in Salerno.

Besonderes Erkennungszeichen des Asklepios ist der Schlangenstab oder ein Ast, um den sich eine Schlange windet. Der Stab mit der Schlange hat sich bis in die Gegenwart als Symbol der Medizin und der Pharmazie behaupten können. Asklepieions waren schließlich in der römischen Kaiserzeit überall in Europa und in den von den Römern eroberten Randgebieten des Mittelmeers zu finden.

Der berühmteste altgriechische Arzt und Philosoph Hippokrates (460 - 370 v. Chr.) stammte aus dem Geschlecht der Asklepiaden, die sich selbst auf den Heilgott Asklepios zurückführten und Ärzte-Vorfahren hatten. Die erste medizinische Ausbildung bekam er von seinem Vater, dem Arzt Heraklides. Er verwendete in seiner Praxis Metalle und Edelsteine und behauptete, dass es alle Arzneimittel in der Natur gibt.

Eine Entwicklung der römischen Medizin wurde direkt mit dem Arzt und Naturwissenschaftler Claudius Galenos von Pergamon (131 - 201 n. Chr.), genannt Galen, verbunden. Er behauptete, dass der Arzt mit der Natur zusammenarbeiten solle und dass die Natur bei Krankheit die Kraft und die Fähigkeit besitze, selbst zur Heilung und Wiederherstellung der Gesundheit des Körpers beitragen könne. Galen beschrieb in seinen Werken die Herstellung von Pulvern, Salben und Flüssigkeiten. Er betrieb eine Apotheke in Rom und prägte die europäische Medizin von der Antike bis hin zur Neuzeit so nachhaltig wie kein anderer. Seine Lehren beherrschten über ein ganzes Jahrtausend hinweg die Medizin. Mit zu Galens Lebenswerk gehört die Begründung der Lehre von der Darreichung der Arzneimittel, der die Nachwelt noch heute mit der Bezeichnung „Galenik" gedenkt. Galen stellte für die Medizin der Antike einen Höhepunkt dar, war aber gleichzeitig auch deren Ende. Erst im Mittelalter kamen wieder Ärzte auf, die es verdienten, mit ihm verglichen zu werden.

Zu diesem Zeitpunkt wurden für Behandlungen offener Wunden verschiedene Mineralien wie Kupferderivate, Zinkoxid, aber auch Blei und Bleioxid eingesetzt. Die Römer und alten Griechen kannten die toxischen Wirkungen des Bleis noch nicht so richtig. Es wurde für Gefäße, Wasserrohre, Medikamentenkästchen und medizinische Instrumente benutzt. Teilweise nahmen reiche Menschen sogar Blei als trügerisches Heilmittel, pulverisiert in Flüssigkeiten, ein.

Plinius der Ältere beschreibt in seinem Werk „Naturgeschichte" die Wirkung von Heilpflanzen. Beschrieben werden auch die Mineralien und ihre Heilwirkungen. Die Kommentare und Rezepte sind stark mit Anekdotischem durchsetzt und enthalten Elemente der Volksmedizin und Magie, die anders kaum den Weg in die schriftliche Überlieferung gefunden hätten.

Viele Historiker sind der Meinung, dass die Ursache des Unterganges des großen Römischen Reiches im Kleinen zu suchen ist. So besagt beispielsweise eine Theorie, dass diese Hochkultur der Anopheles-Mücke zum Opfer gefallen sei. Eine Malariawelle soll ganze Landstriche entvölkert haben. Ein amerikanischer Medizinhistoriker führt den Untergang auf eine chronische Bleivergiftung zurück. Hinzu kommt noch, dass Blei im Körper einer Frau die Fortpflanzungsfähigkeit stark beeinträchtigt.

Hippokrates (460 - 370 v. Chr.)
Medizinisches Museum, Brüssel.

Galenos (131 - 201 n. Chr.)
Medizinisches Museum, Brüssel.

Das Blei wurde nämlich wie ein Gewürz in Wein und Traubensaft gemischt. Nur die reiche Schicht der Römer konnte sich dieses Genussmittel leisten.

Es dauerte Jahrhunderte, bis die antike Medizin nennenswert weiterentwickelt wurde und sich die Vertreter der Medizin erneut auf Neuland hinausgewagten, um die Grenzen des Machbaren zu testen und zu erweitern.

Unter den bedeutendsten Medizinzentren im Mittelalter ist vor allem die medizinische Schule in Salerno (Italien) zu nennen, die im 9. Jh. gegründet wurde. Im 12. Jh. war sie das berühmteste medizinische Zentrum ganz Europas, und ihr Einfluss im Mittelalter war sehr bedeutend. Der bekannte Arzt und Alchimist Arnald von Villanova (1235 - 1311) schrieb dort sein Werk „Salerno Gesundheits Code" in 102 Versen.

Im Jahr 1088 wurde die erste Universität in der westlichen Welt in Bologna (Alma Mater Studiorum Universita di Bologna, UNIBO) gegründet.

Nicht zu vergessen unter den Textquellen der Medizin sind die „Canonae medicinae", die vom „Fürsten der Ärzte", Ibn Sina, genannt Avicenna (980 - 1037 n. Chr.) verfasst wurden. Heute ist der Perser einer breiten Öffentlichkeit durch den Bestseller „Der Medicus" bekannt.

Viele Informationen über Vergiftungen und ihre Behandlungen wurden im Buch des jüdischen Philosophen und Arztes Moses Maimonides (1135 - 1204) gesammelt. Sein Traktat über Gifte und Antidote wurde in arabischer Sprache in Cordoba (Spanien) 1198 veröffentlicht und ist bis heute für die Geschichte der Toxikologie sehr wichtig. Dort wurde die tausendjährige Erfahrung der Behandlung von Vergiftungen auch mit klinischen Bildern der Intoxikation von früheren unbekannten Giften beschrieben. Im zweiten Teil des Manuskriptes wurden die mineralischen und pflanzlichen Gifte beschrieben.

Einen starken Einfluss auf die Pharmakologie Westeuropas hatte die Alchemie. Zu den berühmtesten Alchemisten dieser Zeit zählen Ramon Llull, Arnold aus Villanova und sein Werk „Praxis medicinalis" mit einem Kapitel über Gifte, Albertus Magnus, Roger Bacon und Basilius Valentinus (Entdecker von Salzsäure, Eisenchlorid, Antimonchlorid und anderer Antimonverbindungen). Es gab auch eine große Menge an Pseudoalchemisten. Während der Dante-Zeit bekamen die Alchemisten einen schlechten Ruf. Das verkörperte Dante im ersten Teil seiner „Göttliche Komödie" in den Gestalten von zwei Metallfälschern.

Alchemie hatte längere Zeit keinen direkten Bezug zur Medizin, obwohl die Begriffe sehr ähnlich waren: Alchemistische OPs ähnelten einer medizinischen Behandlung. Alchemistische Arzneimittel wurden in ägyptischen Papyri wie auch von altindischen Ärzten und in den Werken weiterer antiker Autoren erwähnt. Ärzte und Alchemisten verwendeten oft die gleichen Verbindungen.

Hippokrates beschrieb zum Beispiel die Anwendung von Auripigment (Arsensulfid, As_4S_6) als Arzneimittel. Mit diesem Mineral arbeiteten sowohl Ärzte als auch Alchemisten. Aufgrund der gelben Farbe glaubte man, dass man aus diesem Gold gewinnen könne. Messing ist eine Kupfer-Zink-Legierung und hatte bei den Alchemisten der Name „das künstliche Gold".

Nach einer Weile bekommt dieses „künstliche Gold" eine grüne Oberflächenfarbe, was sehr oft auf Statuen und Denkmalen zu sehen ist. Alchemisten versuchten, diese Patina, das Korrosionsprodukt des Messings, wie eine Krankheit mittels Salben und Flüssigkeiten zu behandeln.

Laut einer Lehre arabischer Alchimisten sind die Hauptstoffe für eine Vorbereitung von solchen „Arzneimitteln" „vier Geiste": Schwefel, Arsen, Quecksilber und Ammonium. Nicht nur Ärzte und Apotheker standen diesen Elementen zurückhaltend gegenüber; jeder Mensch hatte Angst, wenn er von Arsen, Quecksilber oder Blei hörte. In erster Linie war es ein Vorurteil gegen Arsen, welches traditionell als Gift verwendet wurde. Eine Vergiftung in der Renaissance war so verbreitet, dass sie manchmal den Charakter einer Epidemie hatte. Deswegen hatten die Leute Angst vor den Arzt-Alchimisten und nannten diese Giftmischer.

Es folgte die Zeit der Latrochemie, der Lehre der Krankheitsbehandlungen mit chemischen Präparaten, inklusive Metallen und Mineralen.

Der Arzt und Alchemist Paracelsus betrachtete die Alchemie als eine Wissenschaft, deren Gegenstand nicht die Goldherstellung, sondern die Herstellung von Medikamente aus Naturstoffen, vor allem aus Metallen, ist.

Durch die Paracelsus´schen Vorstellungen inspiriert, entwickelte sich vor 500 Jahren die Latrochemie, eine labortechnische Umwandlung von mineralischen Stoffen in Arzneimittel. Durch die Kunstgriffe der Alchemie konnte man die Metalle erstmals in vollem Umfang therapeutisch anwenden.

Ein anderer Zweig der Alchemie, ebenfalls von Paracelsus inspiriert, widmete sich mehr philosophischen Betrachtungen und suchte nach spirituellen Zusammenhängen von Heilkräften in Naturstoffen. Besonders interessant ist hierbei die Verbindung von Astrologie und Metallen. In der astrologischen Medizin sind die Metalle durch die Planeten den Zentralorganen zugeordnet und daher deren wichtigste Heilmittel überhaupt;

Mit seinen Anweisungen, Metalle und Metallverbindungen medizinisch zu nutzen, legte er den Grundstein für die Chemiatrie, ein therapeutisches Konzept, das sich (al-)chemisch zubereiteter Arzneimittel bediente.

Ihre Anhänger verstanden die Alchemie nicht als eine Wissenschaft für Metalltransmutation in Gold, sondern als eine Wissenschaft, die durch Extraktion, Sublimation und Destillation die der Materie innewohnende heilsame „Quintessenz" darstellte.

Paracelsus setzte die Verwendung der chemischen Arzneimittel durch, weil er alle Krankheiten als eine Verletzung der chemischen

Prozesse im Organismus erklärte. So wurde versucht, die Krankheiten in Beziehung zu Organen zu sehen.

*Porträt Paracelsus von Peter
Paul Rubens (1577 - 1640).
Museum für Alte Kunst, Brüssel.*

Nach seiner Meinung ist im Magen der Menschen ein innerer
Alchemist - Archeus, der die Nahrungsmittel in Leib und Blut
verwaltet.

Paracelsus verwendete für Behandlungen Salben aus Quecksilbersalzen, Mischungen, welche Blei oder Salze von Eisen, Zink und
Kupfer enthielten, sowie arsenhaltige Präparate gegen Hautkrankheiten. Er zerkleinerte und mischte Steine, Perlen, Pflanzen, Wein
und Blut mit Gold und stellte dadurch Medikamente her.

Paracelsus starb 1541 in Salzburg. Sein Grabstein auf dem Salzburger Sebastiansfriedhof zeigt im Relief sein Bildnis. Darunter befindet sich die Grabschrift: „Bestattet ist hier Philipp Theophrast
mit den Würden des Doktors der Medizin, der jene unheilvollen
Leiden Lepra, Gicht, Wassersucht und anderes Unheilbares, für
den Körper ansteckendes mit wunderbarer Kunst hin wegnahm;
und der seiner Habe an die Armen verteilt und zugeordnet zu werden die Ehre erwies; im Jahre 1541 am Tag 24 des Septembers das
Leben mit dem Tode vertauschte. Friede den Lebenden, ewige
Ruhe den Begrabenen".

Ein Anhänger von Paracelsus war der belgische Alchemist
Johan Baptista van Helmont (1579 - 1644), welcher den Begriff
„Gas" einführte. Er verwendete Magnete und verschiedene Metalle
für die Behandlungen der Patienten. Franz Anton Mesmer (18. Jh.)
nutzte für die Behandlungen in seiner Klinik in Wien verschiedene
Metalle und Holzarten.

Die dritte Säule der tibetischen Medizin sind komplexe Arzneien aus verschiedenen Mineralien, die so genannte Edelsteinmedizin und deren Juwelenpillen. Diese wurden sowohl vorbeugend
zur Gesundheitspflege als auch zur Behandlung bestimmter Erkrankungen verordnet. Juwelenpillen („Rinchen Dangjor" und
„Rinchen Mangjor") bestehen aus bis zu 165 Zutaten, darunter metallische Stoffe wie Gold, Silber oder Quecksilber und deren Mineralien sowie Edelsteine wie Diamant, Saphir, Rubin usw.

In den klösterlichen Arzneien fand unter anderem pulverisiertes
Gold Verwendung, das als läuternd und reinigend sowie als proba-

tes Mittel zum Schutz vor Ohnmacht und Magenkatarrh, wie auch zur Stärkung des Herzens galt. Eisensinter nutzte man zur Erweichung von Geschwüren, Silberschaum zum Kurieren von Hämorrhoiden und der Krätze. Daneben kamen Arsen, Zinnober, Quecksilber, Schwefel und Weinstein zum Einsatz.

Auch zur Behandlung von Zahnleiden konnte die Klostermedizin aus einem enormen Heilmittelschatz schöpfen. Allein durch die medizinischen Schriften von Constantinius Africanus waren über 180 Arzneien gegen Beschwerden des Mundraums und der Zähne bekannt: von Alain und Arsen bis zu Weinessig und Zimt.

Neben Arzneimitteln spielen Gifte seit der Antike eine sehr wichtige Rolle. Eine Differenzierung zwischen den beiden erfolgte erst im 3. Jh. v. Chr. Als wichtige, giftig wirkende Substanzen wurde bei den alten Griechen und Römern Blei und Bleiverbindungen sowie Quecksilber genannt.

Im alten Rom war die Anwendung von Giften verbreitet. Es sind zahlreiche hochstehende Personen bekannt, die Gift gegen Feinde oder Konkurrenten verwendeten. Der römische Diktator Sulla erließ 81. v. Chr. ein spezielles Gesetz, welches die Todesstrafe für Täter, die kriminell Gift verwendeten, vorsah. Als Giftmischer war der römische Imperator Caligula bekannt der an Sklaven experimentierte und mit Gift die Kontroverse mit seinen politischen Gegnern löste. Lucusta verwendete Arsen für die Ermordung des Imperators Claudius. Später, nach einem Auftrag von Nero, wurde sein Stiefbruder Britannicus, der Sohn von Claudius, von Lucusta ermordet.

Aus der Antike wurden ins Mittelalter nicht nur die Erfahrungen für den erfolgreichen Einsatz der verschiedenen Behandlungsmethoden gegen Vergiftungen, sondern auch die Erfahrung der Giftmischer überliefert. Papst Alexander VI. und seine Nachkommen, die berühmte Familie Borgia, waren berüchtigt für mehrere Morde mit Giften. Alexander VI. wurde vom Schicksal bestraft, als er den vergifteten Wein für ein anderes Opfer irrtümlich trank. Katharina von Medici (1519 - 1589) - Königin von Frankreich - ist vor allem in der Geschichte als Giftmischerin-Königin bekannt. Sie beherrschte die italienische Technik der Giftvorbereitung und untersuchte deren Auswirkungen an Kranken, Armen und Sträflingen.

Viele Leser erinnern sich an die fantastischen Geschichten von Alexandre Dumas dem Älteren, welche er in seinem Roman „Königin Margot" erzählte. Das berühmteste florentinische Gift war es, das Königin Katharina von Medici verwendete, als sie zuerst die Mutter von Heinrich von Navarra durch vergiftete Handschuhe ermordete, und dann, durch verhängnisvollen Zufall, ihren eigenen Sohn, den König von Frankreich Charles IX., durch ein Buch, dessen Seiten mit dem gleichen Gift durchtränkt wurden, ebenfalls ermordete.

Dumas nannte den Namen der Person, die das Gift herstellte. Es war Cosimo Ruggieri, privater Astrologe der Königin Katharina von Medici, den sie aus Florenz mitbrachte und ihm Geld für den Aufbau eines Observatoriums gab. Er überlebte die Königin-Mutter, alle ihre Söhne und auch Heinrich IV., den er rechtzeitig über die Bartholomäusnacht benachrichtigte, aber er konnte nicht den Königsmord durch François Ravaillac voraussehen.

Zum Anfang des 16. Jhs. wurden in den Giften nicht nur die Salze von Arsen, Kupfer und Phosphor, sondern auch Säfte giftiger Pflanzen aus der Neuen Welt verwendet. Vergiftetes Parfüm, Ringe, Handschuhe, Unterwäsche - viele Dinge, die uns beim Lesen von historischen Romanen wundern, existierten in der Realität. Ambroise Paré berichtete in seinem Traktat „Oeuvres" über florentinische Giftmischer, die Parfum und Schmuck mit dem Gift herstellten. Er schrieb: „Dieses Parfum muss man wie die Pest meiden".

In Italien hatten Apotheker schon seit dem 14. Jh. ein Recht, nur guten Bekannten die Gifte zu verkaufen. In Deutschland und Frankreich wurde im 15. Jahrhundert ein Giftverkauf streng verboten.

Erinnern Sie sich: in der bekanntesten Tragödie von Shakespeare geht Romeo in die Apotheke, um ein Gift zu kaufen. Der

Apotheker sagte ihm, dass „ein Giftverkäufer nach den
Mantue-Gesetze mit dem Tod bestraft wird".

Die Ärzte wurden nicht nur wegen ihrer Heilkunst bekannt,
auch wegen ihrer Antidote Rezepte, welche sie als ein strenges
Geheimnis hüteten.

Benvenuto Cellini in Florenz.

*Benvenuto Cellini: Perseus
mit dem Haupt der Medusa.*

Am Ende des 17. bis Anfang des 18. Jhs. lebte in Italien die Giftmi-
scherin Giuliana Toffana, die in Neapel mittels Arsentrioxid mehr
als 600 Menschen vergiftete. Sie wurde festgenommen, verurteilt
und hingerichtet.

Bei der Herstellung von Giften wurde oft den Alchimisten die
Schuld gegeben. Ihre Bücher wurden verbrannt, und sie selbst
wurden oft ermordet. Ein Mensch konnte nur wegen seiner Interessen zu den alchemistischen Manuskripten verfolgt werden.

Die Gifte und Arzneimittel hatten einen starken Einfluss auf große Meister wie den bedeutendsten Bildhauer der Renaissance Benvenuto Cellini (1500 - 1571) oder Vincent van Gogh. Diese konnten ihre Arbeiten durch den Einsatz von Gift lebendiger und beeindruckender machen.

Es gibt eine Hypothese, dass Cellini´s Krankheit seine Neigung zu großen Werken beeinflusste. Er litt an Syphilis, welche zur Parese der Hirnnerven führen kann und zu einer Veränderung des mentalen Status und damit zu Entwicklung von Größenwahn. So kann man seine Bronzestatue von Perseus mit dem Kopf der Medusa (1545 - 1554), im Loggia de Lanzi, Marktplatz della Signoria, Florenz erklären.

In vielen Kulturen wurden Metalle mit den Knochen von verschiedenen Göttern identifiziert.

Der klassische Giftmord wird im Kriminalroman mit Arsen verübt. Die Giftigkeit arsenhaltiger Stoffgemische war schon vor 2500 Jahren bekannt. Dioskourides, Leibarzt am Hofe Neros, beschrieb im 1. Jahrhundert nach Christus die Wirkungen von Arsen. Albertus Magnus stellte um 1250 durch Reduktion mit Kohle das Element Arsen her. 1638 erkannte Agricola den arsenhaltigen Charakter des „weißen Gifts", wie Arsentrioxid genannt wurde, welches bei der thermischen Zersetzung arsenhaltiger Mineralien entstand. Im Mittelalter galt Arsen als „Erbschaftspulver", „Aqua Toffana" oder „verderbliche Mixtur".

Der Name „Arsen" leitet sich vom griechischen Wort „arsenikon" ab, das so viel wie "männlich" bedeutet. Diese griechische Bezeichnung galt auch für das goldglänzende Mineral Auripigment (As_2S_3), dass schon im Altertum die Neugier der Naturforscher weckte.

Arsen gehört nach derzeitiger Kenntnis nicht zu den essenziellen Spurenelementen des Menschen. Dennoch kann sich niemand einer Aufnahme kleiner Dosen entziehen, denn es kommt überall in der Luft und im Wasser vor. Besonders hohe Konzentrationen weisen Fisch- und Getreideprodukte auf, in denen das Halbmetall organisch gebunden, beziehungsweise fünfwertig vorliegt.

Grundwasser enthält etwa ein bis zwei Mikrogramm Arsen pro Liter, wobei Regionen mit vulkanischen Aktivitäten und Erzbergbau, wie der Schwarzwald, das Erzgebirge oder die Eifel, regional höhere Arsenwerte im Grundwasser aufweisen. Zum Teil liegen sie über 3 µg/Liter. Der von der Weltgesundheitsorganisation (WHO) empfohlene Grenzwert für Arsen im Trinkwasser von 10 Mikrogramm pro Liter wird seit 1997 in Deutschland eingehalten und ist seit 1998 in der EU gesetzlich vorgeschrieben. Für Mineralwässer gelten derzeit noch höhere Arsengrenzwerte - bis zu 50 Mikrogramm pro Liter. In anderen Regionen sind die Arsenwerte im Trinkwasser dagegen wesentlich höher, sodass dies zu einer chronischen Erkrankung der Bevölkerung führen kann. In Indien (West-Bengalen), Taiwan, Argentinien, Nepal und in der Inneren Mongolei wurden im Wasser Arsenkonzentrationen von mehr als 3 mg/Liter gefunden.

Arsenvergiftungen lassen sich in akute und chronische unterteilen. Schon eine Arsendosis von 60 bis 170 mg ist, je nach Alter und Konstitution des Menschen, tödlich. Bei einer akuten Vergiftung treten zerebrale Krämpfe und gastrointestinale Beschwerden wie Übelkeit, Erbrechen, Durchfälle, Koliken und Blutungen auf. Die Vergiftung kann bis zu einem Nieren- oder Kreislaufversagen führen. Während die Symptome der akuten Vergiftung bereits wenige Stunden nach einer Überdosis auftreten, kann die Latenzzeit bis zur Manifestation chronischer Symptome je nach Höhe der täglichen Aufnahme bis zu 30 Jahre dauern.

Mit einer Arsenvergiftung verbindet man den Tod des Großherzogs der Toscana Francesco de' Medici verbunden. Nach einer plötzlichen Erkrankung am 19. Oktober 1587 starben zuerst der Großherzog der Toscana Francesco de' Medici und wenige Stunden später seine Frau Bianca Cappello. Durch Analysen von Forensikern fand man im Jahr 2006 eine erhöhte Arsenkonzentration in Francescos Körper. Als Mörder des Großherzogs gilt Kardinal Ferdinando I. de' Medici, der nach dem Tod des Bruders Thronerbe

wurde. 2010 konnte jedoch durch eine DNA-Analyse der Skelett-
reste eindeutig DNA von Plasmodium falciparum, dem Erreger der
schwierig behandelbaren „Malaria tropica", nachgewiesen werden.
Der erhöhte Arsengehalt erklärt sich im Nachhinein durch die Behandlung der Malaria mit Arsen durch die damaligen Ärzte.

Zu den berühmten Persönlichkeiten, die Opfer von Malaria wurden, gehört der Politiker, Heerführer und gleichermaßen erfolgreicher Erzbischof von Köln und Kanzler von Kaiser Friedrich I.,
Rainald von Dassel. Er starb am 14. August 1167 im kaiserlichen
Heerlager vor Rom.

Die genaue Todesursache von Wolfgang Amadeus Mozart (1756
– 1791) bleibt unbekannt. Als Mozart kurz nach Mitternacht in
Wien am 5. Dezember 1791 starb und am nächsten oder übernächs-
ten Tag ohne Zeremoniell in einem mehrfach belegten Schachtgrab
bestattet wurde, dachte offenbar noch niemand an einen Mord.
Erst eine Woche später wurde im Berliner „Musikalischen Wochen-
blatt" der Verdacht geäußert, Mozart sei vergiftet worden „weil
sein Körper nach dem Tode anschwoll". Zunächst wurde der berühmte Wiener Hofoperndirektor Antonio Salieri als Täter ver-
dächtigt, weil man ihm Eifersucht auf Mozarts Erfolge unterstellte.
Es ist unklar, ob die Vergiftung absichtlich oder versehentlich
durch Arsen ausgelöst wurde, da unter den Giften im 18. Jahrhundert praktisch jeder plötzliche Todesfall und jeder Mordverdacht
sofort mit Arsen in Zusammenhang gebracht wurde. Arsen ran-
gierte an erster Stelle der Gifte, weil sich die Vergiftungssymptome
kaum von der damals verbreiteten Cholera unterscheiden ließen.
Trotz der bekannten Giftigkeit von Arsenverbindungen haben
sie eine lange Tradition als Heilmittel.

Verschiedene Arsenverbindungen wurden seit der Antike bis in
die Neuzeit als Medikamente gegen die Schlafkrankheit eingesetzt.
Eine 1-prozentige Lösung von Kaliumarsenit wurde nach Reisebe-
richten des schottischen Missionars David Livingstone 1887 als
Mittel gegen die Schlafkrankheit in Afrika verwendet. Bis Ende der
60er Jahre des letzten Jahrhunderts wurden Arsenverbindungen als

Fowler'sche Lösung auch in Deutschland benutzt, wo sie, außer als Stärkungsmittel, auch zur Psoriasis-Behandlung indiziert wurden.

Quecksilber und Arsen. Deutsches Apotheken-Museum, Heidelberg.

1905 wiesen Harold Wolferstan Thomas und Anton Breinl nach, dass das Arsenpräparat Atoxyl die Erreger der Schlafkrankheit, die Trypanosomen, abtöten. Zunächst wurde das Präparat bei fiebrigen Zuständen verwendet, obwohl die immer wieder auftretende Schädigung des Nervus opticus sowie häufige Rückfälle ein ernstes Problem darstellten. Angeregt durch diese Beobachtungen prüfte Paul Ehrlich über 600 arsenhaltige Stoffe, bis er 1910 das Salvarsan in der Syphilisbehandlung einführte. 1918/1919 entwickelten Michael Heidelberger und Walter Jacobs das Tryparsamid, das 1920 im damaligen Belgisch-Kongo zur Behandlung der Schlafkrankheit eingesetzt wurde. Bei einer Massenvergiftung im Jahr 1930 erblindeten 800 behandelte Soldaten, weil ein Leutnant eigenmächtig die Dosis verdoppelt hatte. Daher wurde mehr und mehr auf den Einsatz von Tryparsamid verzichtet.

In den 40er und 50er Jahren des 20. Jahrhunderts prüfte Ernst Friedheim mit seinen Mitarbeitern besser verträgliche Alternativen gegen Trypanosomen und entwickelte eine neue Substanz, die er Melarsoprol nannte. Diese verband die schlechte ZNS-Gängigkeit des basischen Melamins mit der trypanoziden Wirkung des Arsens, das als Addukt mit dem damals neu beschriebenen Arsenantidot Dimercaprol noch besser verträglich sein sollte. Tatsächlich konnte sich Melarsoprol bis heute in der Behandlung der Schlafkrankheit behaupten, wo es inzwischen dank besserer Alternativen nur noch bei fortgeschrittenen Stadien der Erkrankung eingesetzt wird und seit einigen Jahren wegen aufgetretener Resistenzen sogar noch seltener.

Für die Behandlung des Menschen ist seit Ende 2000 in den USA auch Arsentrioxid (Arsenik) zur antineoplastischen Chemotherapie seltener Formen der akuten promyelozytären Leukämie zugelassen. Es soll die Apoptose entarteter Zellen induzieren und so zur Elimination maligner Klone führen.

Der Grauspießglanz (Antimonit) war als das wichtigste antimonhaltige Mineral im antiken Griechenland unter der Bezeichnung „stimh" (stimmi) und bei Römern als „stibium" (lateinisch für Zeichen, Markierung, schwarze Schminke) bekannt. Die arabische Heilkunde bezeichnete es als „al-kuhl". Der Begriff Antimon könnte auf das griechische „anthemon" (Blüte) zurückgehen. Man vermutet, dass die blütenartige Struktur des Grauspießglanzes dem Mineral seinen Namen gab. Constantinus Africanus (um 1018 bis 1087), der bedeutendste Übersetzer der griechischen und arabischen medizinischen Texte, der in der medizinischen Schule in Salerno lehrte, gilt als Schöpfer des Terminus „Antimonium". In der frühen Neuzeit verwendete man diese Bezeichnung sowohl für Antimonit als auch für das daraus gewonnene reine Antimon(III)-Sulfid.

Erstmals wurde Antimon im antiken Ägypten medizinisch angewendet, und zwar in entzündungshemmenden Augensalben und als Augenschminke. Nach Aulus Cornelius Celsus (1. Jh. n. Chr.) wurde es in Griechenland vorwiegend in Augenwässern eingesetzt. Pedanios Dioskurides (1. Jh. n. Chr.) und Plinius der Ältere erwähnten den Gebrauch des „stimmi" für die Wundbehandlung. Johannes Platearius (12. Jahrhundert) schrieb im „Circa instans", eine herausragende medizinisch-pharmazeutische Fachprosa des Hochmittelalters.

Zum Anfang wurde Antimon in der Medizin verwendet, aber es stellte sich heraus, dass es ein starkes und toxisches Gift ist.

Nach Basilius Valentinus entstand der Name Antimon durch eine Legende, in welcher ein Arzt behauptet, dass angeblich beobachtete Schweine durch den antimonhaltigen Verzehr Gewicht und Fette aufnahmen. Diese Beobachtung führte dazu, dass der Arzt Mönchen, die nach vielen Tagen der Fastenzeit erschöpft waren, Antimon gab. Nach diesem Versuch starben alle Mönche. Der Name Stibium wurde auf Antimon (Anti – gegen, Mon – Mönche) gewechselt. Dies bedeutet, dass es für Mönche unverträglich ist.

Antimon teilt die Ärzte in zwei Lager: Das erste hält es für ein Arzneimittel und das zweite für ein Gift. Molière half mit seinen Satyrn den französischen Ärzten, die gegen eine Anwendung des Antimons waren. Er war unzufrieden mit den Ärzten, dass sie nichts gegen seine Tuberkulose unternahmen und machte die Ärzte für die Antimonvergiftung seines einzigen Sohns verantwortlich.

Antimonverbindungen wurden im 16. und 17. Jahrhundert von den Anhängern des Paracelsus als Arzneimittel empfohlen und erlebten an der Wende zum 20. Jahrhundert in der naturwissenschaftlichen Medizin eine Renaissance als Antiseptika und Chemotherapeutika. Vor allem Antimonverbindungen hatten seit der frühen Neuzeit eine wechselnde therapeutische Bedeutung. Diesen Verbindungen wurden im Zeitalter der Chemiatrie aufgrund ihrer emetischen Wirkung eine Allheilwirkung zugesprochen.

„Antimon hat die Kraft zu lösen und gewaltig auszutrocknen. Sein Pulver auf den fressenden Krebs getan, ist es das beste Mittel für das überflüssige Fleisch. Gegen den Fluss des Blutes aus den Nasenlöchern wird Baumwolle in Sanguinariasaft eingetaucht und Antimonpulver in die Nasenlöcher eingebracht."

Paracelsus empfahl antimonhaltige Zubereitungen nicht nur für äußerliche Anwendungen, sondern propagierte diese in seinem Werk „Große Wundarznei" (1536) erstmals auch für innerliche Zwecke. Er postulierte, dass der menschliche Körper durch Antimon gereinigt und verjüngt wird. Diesen Analogieschluss leitete er aus der Beobachtung ab, dass Grauspießglanz in der Metallurgie erfolgreich zur Goldläuterung verwendet wurde. Man überführte dabei, mit Hilfe von geschmolzenem Antimon[III]-Sulfid, unedle Metalle und Silber in ihre Sulfide, während dessen, durch zugesetzte Eisenspäne, gebildetes metallische Antimon das Gold aufnahm. Da Paracelsus Grauspießglanz für die medizinischen Anwendungen zu toxisch befand, gab er Vorschriften heraus, wie geeignete Abwandlungen herzustellen seien. So beschrieb er Flores Antimonii (Spießglanzblüte und Antimonoxide), Oleum Antimonii (Antimonchlorid und seine Hydrolyseprodukte) und Mercurius vitae (Antimonoxychlorid).

Die medizinische Fakultät der Sorbonne untersagte im Jahr 1565 allen in Paris praktizierenden Ärzten den Antimongebrauch. Dies hinderte einige französische Ärzte nicht daran, Anweisungen zum therapeutischen Einsatz von Antimonverbindungen zu veröffentlichen. Chemiatrische Rezepte finden sich zum Beispiel in der „Pharmacopoea Dogmaticorum Restituta" und dem „Antidotarium Spagyricum" von Joseph Duchesne, genannt Quercetanus (1544 bis 1609). Vor allem gilt das 17. Jahrhundert als Blütezeit der Chemiatrie. Ihre Vertreter erweiterten und popularisierten den Arzneischatz des Paracelsus erheblich und wiesen neben Quecksilber- vor allem Antimonverbindungen eine zentrale Rolle zu.

Eine Vorstellung von der Art und der Menge der Arzneimittel, welche in der Vergangenheit in der Medizin verwendet wurden, sind in den Berichten über die Behandlung des englischen Königs Charles II. zum Zeitpunkt seines Todes zu lesen. Um 08.00 Uhr morgens am Montag, den 06. Februar 1685 wurde Seine Majestät in seinem Schlafzimmer rasiert. Plötzlich schrie der König auf, erlitt schweren Anfälle und fiel auf den Rücken. Er verlor das Bewusstsein und ein paar Tage später starb er. Es ist möglich, dass er wegen einer Blockade einer Arterie an einem Blutgerinnsel starb, möglicherweise hervorgerufen durch ein Nierenleiden. Er könnte vergiftet worden sein, weil er, während seiner Behandlung, Abführ- und Brechmittel bekam, die Antimon enthielten.

Peter Macinnis brachte in seinem Buch „The Killer Bean of Calabar and Other Stories: Poisons and Poisoners" viele Beispiele, wann eine falsch ausgewählte Dosis des Arzneimittels über das Schicksal der Welt entschied. Unter ihnen war eine Geschichte über König Ludwig XIV. von Frankreich (der Sonnenkönig). Dieser litt seit seiner Kindheit an Krankheiten und wurde daher stetig von Hofärzten begleitet. Als er 30 Jahre alt war, wurde bei ihm ein Bauchtyphus gefunden. Dies passierte in dem Moment, als die Feldarmee unter dem Kommando von d'Artagnan während des französisch-niederländischen Krieges in Flandern kämpfte.

Obwohl die Ärzte einen Aderlass beim König durchführten, hatte Seine Majestät Fieber, Krämpfe und starke Schmerzen. Es wurde dann beschlossen, ihm eine Dosis Antimon zu verabreichen. In einer Schüssel aus Antimon wurde saurer Wein gegossen, der löste nach und nach von der Schüsseloberfläche das Antimon mit der Bildung von Brechweinstein $K[C_4H_2O_6Sb(OH)_2] \times \frac{1}{2}H_2O)$ ab. Die Konzentration des therapeutischen Arzneimittels hängt von der Reinheit des Antimons und von der Weinstärke ab. Das Leben des Königs war nach einer solchen riskanten Prozedur zurückgewonnen. Hätte Ludwig XIV. kein Glück gehabt, wäre möglicherweise die Geschichte Europas in eine ganz andere Richtung verlaufen.

Es gab sogar Ärzte, die diese Medikamente selbst herstellten und als Unternehmer vertrieben. So gelangte am Ende des 17. Jahrhunderts in Nürnberg der Arzt und Verfasser deutschsprachiger Arzneibücher Johann Hiskia Cardilucius (1630 bis 1697) zu großem Wohlstand. Er präparierte quecksilber- und antimonhaltige Arzneien, bewarb sie in seinen an den "gemeinen Mann" gerichteten Schriften und verschickte sie auf dem Postweg. Seine als „Arcana" bezeichneten Heilmittel sollten „innere Stauungen" lösen, Fieber senken und bei einer Vielzahl von Erkrankungen als Universalarznei dienen.

Obwohl er mit der Arzneimittelherstellung das Monopol der Apotheker verletzte, fand Cardilucius in den Nürnberger Apothekern keine Gegner. Stattdessen pflegte er Geschäftsbeziehungen mit ihnen und belieferte die Kannen-, Stern- und Spital-Apotheken mit seinen Mitteln „Centaurium minerale" und „Febrifugum magnum". Ebenso verkaufte er dem Stadtarzt Septimus Andreas Fabricius (1641 bis 1705) seine Arzneien zur Behandlung von dessen Patienten. Als Verfechter deutsch-sprachiger medizinischer Selbsthilfeliteratur veröffentlichte er auch Anweisungen für die Zubereitung antimonhaltiger Arzneien, darunter ein „Antimonium diaphoreticum" aus Spießglanz und Salpeter.

Seit dem 18. Jahrhundert wurden Antimonverbindungen keine Allheilkräfte mehr zugesprochen. Man verwendete noch Kaliumantimonat (Antimonium diaphoreticum, Schweiß treibender Spießglanz) und vor allem Kaliumantimonyltartrat in Form von Brechreiz auslösenden Pillen, Sirupen oder Weinen. Am Ende des 18. Jahrhunderts wurde am London Hospital auch die perkutane Anwendung von Brechweinstein getestet.

Seit Ende des 18. Jahrhunderts wurde der Name Antimon nur noch für das gediegene Metall benutzt. 1814 schlug der Begründer der Elementaranalyse, der schwedische Chemiker Jöns Jakob Berzelius (1779 bis 1848), das Symbol „Sb" vor. Die heutige Terminologie verwendet die Begriffe „Stibium" und „Antimon" parallel.

Napoleon Bonaparte verbrachte sechs Jahre im Exil auf St. Helena, wo er an einer Magenkrankheit (Geschwür oder Krebs) litt. Der Arzt versuchte, den Imperator mit in einem Glas Limonade aufgelösten, Kaliumantimonyltartrat, auch Brechweinstein genannt, zu behandeln. Da sich nach dieser Behandlung der Gesundheitszustand von Napoleon sehr verschlechterte, hörte er auf seinem Arzt zu vertrauen und verweigerte ihm in den letzten Monaten seines Lebens den Gehorsam.

Im 19. und in der ersten Hälfte des 20. Jahrhunderts ging der therapeutische Einsatz von Antimonverbindungen bis auf wenige Indikationen stark zurück. Anfang des 20. Jahrhunderts wurde Brechweinstein auch für andere Indikationen getestet. Nachdem um die Jahrhundertwende Paul Ehrlich (1854 bis 1915) den Grundstein für die moderne Chemotherapie gelegt und 1910 mit der Einführung des Arsphenamins (Salvarsan®) erste Erfolge erzielt hatte, begann die Suche nach weiteren spezifischen Wirkstoffen zur Therapie von Infektionskrankheiten.

Quecksilber – das Metall von Merkur, „flüssiges Silber". In der indischen Mythologie hieß es "der Samen des Gottes Shiva". Im Organismus schädigen Quecksilber und seine Verbindungen die Atemwege, das Nervensystem, Leber, Nieren und den Magen-Darm-Trakt.

Arzneimittel aus Quecksilber, wie zum Beispiel die schwefelhaltigen Quecksilberverbindungen, wurden für eine Behandlung der Tuberkulose, von rheumatischem Fieber, Syphilis und anderen Krankheiten in der indischen, chinesischen, griechischen und tibetischen Medizin breit verwendet. Das Hauptziel war Langlebigkeit und Bewahrung der Menschen vor Alterung. In den vedischen Schriften gab es ein Rezept der Quecksilbersalbe, welche aus Quecksilber, Schwefel und dem tierischen Fett hergestellt wurde.

Ab dem Jahr 1494 kam die Syphilis plötzlich nach Europa. Es war eine Explosion. Die Syphilis grassierte in Europa „mit einer epidemiologischen Ausbreitung, die in der Medizingeschichte in dieser Ausprägung einzigartig ist". Die Herkunft der Syphilis ist bis heute nicht eindeutig belegt. Kam sie mit den Söldnern von Kolumbus nach Europa oder war sie schon vorher da, wie Skelettfunde aus dem 13. Jahrhundert nahelegen? Gewiss ist nur, dass die Geschlechtskrankheit nicht zu stoppen war; im Jahr 1510 hatte sie bereits Südostasien erreicht.

Die Suche nach dem Auslöser der Krankheit führte im Mittelalter über vielerlei seltsame Wege: Eine Theorie legte etwa nahe, dass eine schlechte Sternkonstellation im Herbst des Jahres 1484 für die entsetzlichen Geschwüre verantwortlich sein sollte; alle Planeten versammelten sich zu diesem Zeitpunkt im Zeichen des Skorpions, dem die Geschlechtsteile zugeordnet wurden. Es wurde „Heiliges Holz" aus Südamerika eingeführt, welches die Kranken kurieren sollte, aber nicht half. Viele taten Syphilis als Gottesstrafe ab. Die eingangs erwähnte Quecksilber-Therapie sollte gemäß Vielsäfte-Lehre den krankmachenden Schleim aus dem Blut lösen, was

mit dem Schleimspucken nach der Quecksilber-Einnahme bewiesen zu sein schien.

Darstellung eines Syphiliskranken. Holzschnitt von Albrecht Dürer, 1496. (Originaldatei auf Wikimedia Commons).

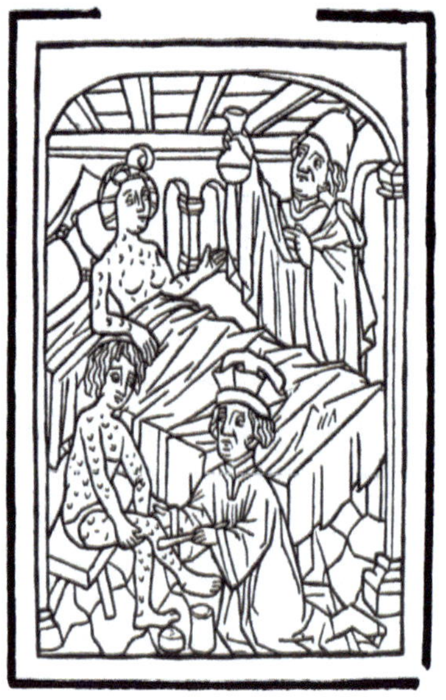

Im Mittelalter wurde die Syphilis mit Salben aus Quecksilber behandelt. Titelblatt des Buches von Bartholomäus Steber. Wien, 1498. (Originaldatei auf Wikimedia Commons).

Die vergifteten Patienten starben - bis Paracelsus 1536 erkannte, dass Quecksilber tatsächlich gegen Syphilis half, aber nur in geeigneter Dosierung: „Die Gabe macht das Gift", so die neue Devise in der Therapie der Geschlechtskrankheit. Paracelsus konnte ein spezifisches Medikament bei der Behandlung einer bestimmten Erkrankung finden. Dieses Medikament war Quecksilber zur Behandlung der Syphilis. Er war nicht nur der Erste, der Quecksilber verwendete, um die Krankheit zu behandeln, sondern hat die Stadien der Krankheit beschrieben und auf die Übertragung auf Kinder hingewiesen.

Die Ärzte im Mittelalter griffen zu drastischen Therapien, um der „Lustseuche" beizukommen. Bittersüß ist sie, die englische Redensart über die Ansteckung mit Syphilis im Mittelalter: „Eine schöne Nacht mit Venus konnte einen Verklärten an einen völlig anderen Ort katapultieren als gewünscht – in die lebenslange Quecksilber-Therapie". Die Quecksilbersalben und orale Gaben waren lange Zeit die einzige Therapie gegen die Geschlechtskrankheit. Sie rafften aber die meisten Syphilis-Patienten aufgrund einer Schwermetallvergiftung dahin.

Die Vermutung, dass diese Krankheit von Mensch zu Mensch übertragen wird, stellte ein italienischer Arzt erstmals um 1546 auf. In der Folge entstand 1564 das Kondom aus Leinen oder Seide. 200 Jahre lang war es ganz ruhig um die Syphilis. Die Gesellschaft schien sich mit der „Lustseuche" abgefunden zu haben, auf die von Geschwüren vernarbten Köpfe wurden Perücken gesetzt. Die Geschlechtskrankheit war allgegenwärtig und forderte auch berühmte Opfer: Marquis de Sade, Cyrano de Bergerac und Casanova.

Nachgewiesen wurde der spiralförmige Erreger erst 1905 - dank präziseren Mikroskopie-Methoden konnte das Bakterium Treponema pallidum sichtbar gemacht werden. Der Syphilis-Erreger wird über die Schleimhaut beim Geschlechtsverkehr übertragen. Zum wirksamen Prophylaktikum der Syphilis wurde eine Arsenverbindung um 1909 eingesetzt.

In dem Alten Ägypten zählte Quecksilber zu den bestgehüteten Giftgeheimnissen. Es gibt keine Beweise, dass Quecksilber im Alten Reich verwendet wurde, jedoch weisen Schriftzeugnisse auf die Verwendung von rotem Zinnober (Quecksilbersulfid) im 15. Jahr-

hundert v. Christus hin. Quecksilber ist seit Jahrhunderten das
Lieblingselement aller Alchimisten. Seine Eigenschaften wie Geruchlosigkeit und bei Kälte zu verdunsten macht es zu einem hochgefährlichen Gift, weil Quecksilberdämpfe vor allem schädigend
auf das Nervensystem wirken.

Um ein wirksames Mittel gegen ein Gift zu finden, wurden im
Mittelalter in vielen Fällen Entgiftungsversuche mit unwirksamen
Gegengiften durchgeführt. Der berühmte französische Chirurg und
königliche Leibarzt Ambrosius Pare (1510 - 1590) bezweifelte, dass
es ein solches universell wirksames Gegenmittel geben könne, und
berichtete von seiner Mitwirkung an einem Giftversuch mit tödlichem Ausgang. Der König Charles IX. von Frankreich (1550 - 1574)
bot einem Koch, der zwei Silberschalen gestohlen hatte und bald
hingerichtet werden sollte an, das Mittel auszuprobieren. Sollte er
überleben, so werde ihm das Leben geschenkt. Der Koch stimmte
zu. Der Apotheker gab ihm das Gift und anschließend Bezoarstein.
Nach der Gifteinnahme hatte der Mann sofort unstillbares Erbrechen und Durchfall und klagte, dass es ihm wie Feuer in den Eingeweiden brenne. Eine Stunde später schaute Ambrosius Pare den
Unglücklichen an. Er stand wie ein Tier auf allen vieren, die Zunge
wackelte aus seinem Mund, das Gesicht und die Augen waren
stark rot, aus den Ohren, der Nase und dem Mund ergoss sich Blut.
Nach 7 Stunden des qualvollen Leidens und Schreiens ist der Koch
gestorben. Pare machte eine Autopsie und fand heraus, dass der
Koch mit Quecksilberchlorid vergiftet wurde.

Sir Théodore Turquet de Mayerne (1573 - 1655) führte Quecksilber-Chlorid in die Medizin, besonders gegen Syphilis, ein und beschrieb das zugehörige Mineral Kalomel. Seit der Holmes-Zeit gab
es basisspezifische Medikamente: Chinin gegen Malaria und
Quecksilber gegen Syphilis.

Viele Formen des Quecksilbers galten bereits im 18. Jahrhundert
als wichtiges Heilmittel. Sie wurden zum Beispiel bei wunden
Brustwarzen stillender Mütter oder bei Zahnschmerzen angewandt. Die Chloride des Quecksilbers wurden früher als Desinfektionsmittel verwendet. Das bereits im Altertum bekannte Metall

wird heutzutage in erster Linie als Zahnfüllmittel verwendet. Die Amalgamlegierungen aus Silber oder Kupfer enthalten mehr als fünfzig Prozent Quecksilber.

Unter den seinerzeit viel gebräuchlichen Verbindungen dieses Schwermetalls erschien insbesondere das Sublimat als „Mordgift" geeignet, weil es damals als Lues-Prophylaktikum und -Therapeutikum relativ gut zu beschaffen war, geschmacklich unauffällig ist und schon in kleinsten Dosen tödlich wirkt. Die entsprechende Intoxikation wurde offenbar nicht selten mit der Syphilis verwechselt.

Kupfer wird als das Metall der Venus bezeichnet. Es ist mit dem weiblichen Aspekt, und der Fruchtbarkeit verbunden. Empedokles (495 - 435 v. Chr.) war ein antiker griechischer Philosoph, Politiker und der biografischen Überlieferung zufolge, ein erfolgreicher Arzt. Zur Verbesserung des Befindens trug er Kupfersandalen. Aristoteles (384 - 322 v. Chr.) nannte dieses Metall ein wunderschönes Mittel gegen Schwellungen, Prellungen, Quetschungen und hielt beim Schlafen eine Kupferkugel in der Hand. Kupfer hat eine positive Wirkung auf das kardiovaskuläre System und entzündungshemmende, antikonvulsive und analgetische Wirkungen.

In der tibetischen Medizin verwendet man Klangschalen aus Kupfer und Kupferlegierungen als Behandlungsmethode. Mit Kupfer wurden Augen- und Hautkrankheiten geheilt. Bis heute wird Kupfer an den biologisch aktiven Punkten der betreffenden Krankheit aufgetragen. Kupfer ist Bestandteil von Enzymen, ein aktiver Katalysator für Redoxreaktionen und bestimmt den Energiestoffwechsel in Zellen. Es ist bei der Hämatopoese beteiligt, dient zum Transport von Eisen in der Leber, stimuliert das Immunsystem und spielt eine wichtige Rolle bei der Neutralisation von freien Radikalen. Kupfer verhindert eine Entmineralisierung von Knochen und eine Entwicklung der Osteoporose. Das Kupfer ist ein wichtiges Spurenelement, welches den körperlichen Zustand beeinflusst und sich an der Bildung von Kollagen beteiligt (Verbindung verleiht der Haut Elastizität und Geschmeidigkeit). Ein permanenter Mangel dieses Elements führt zu Anämie und Osteoporose, Vitiligo,

Glaukom, ischämische Herzerkrankung, Psoriasis, Diabetes, Epilepsie und degenerativen Veränderungen des zentralen Nervensystems. Die Ursache der Entwicklung vieler chronischer Erkrankungen und Tumore ist ein Kupfermangel im Körper. Auf Haut und Haar wirkt sich Kupfermangel folgendermaßen aus: Vorzeitige Alterung und Absterben der Epidermis, Pigmentstörungen (es erscheint eine Depigmentierung verschiedener Gebiete), Schwäche und Zerbrechlichkeit der kleinen Kapillaren, leichte Blutergüsse mit einer leichten mechanischen Wirkung, lange Heilung von Wunden, Trockenheit, Sprödigkeit, Haarausfall und das frühe Auftreten von grauen Haaren. Wenn die klinischen Anzeichen von Kupfermangel im Labor festgestellt werden, werden Arzneimittel verordnet, welche dieses Metall enthalten.

Erwachsene und junge Leute benötigen zur Bildung der roten Blutkörperchen oder zur Kräftigung des Immunsystems etwa 1,5 - 3,0 Milligramm Kupfer täglich. Eine Überdosis kann jedoch schädlich für die Gesundheit sein. Über Kupfer ist schon länger bekannt, dass es das gesundheitsschädliche Blei aus den Wasserrohrleitungen löst. Das rötlich schimmernde Schwermetall verfügt über bakteriostatische Effekte, so dass es das Wachstum von ins Leitungswasser gelangten Bakterien hemmt. Neue Wasserrohrleitungen aus Kupfer, auf welchen sich noch keine Schutzschicht aus Kupferoxid gebildet hat, können unangenehme Nebenwirkungen haben. Bei Säuglingen und Kleinkindern kann das mit Kupfer angereicherte Trinkwasser schwere Vergiftungen mit Leberschäden verursachen. Kupfer kann aus neuen Rohrleitungen ins Wasser gelangen, wenn der pH-Wert des Wassers kleiner als 7,3 und die Wasserhärte größer als 4 ist. Deswegen empfiehlt es sich, Säuglingen und Kleinkindern in den ersten zwei Jahren Mineral- oder Tafelwasser zu reichen.

Sir Kenelm Digby (1603 - 1665) veröffentlichte das Buch „Choice and Experimental Receipts of Physik and Chirurgery", in dem er eine „sympathische" Wirkung bei der Verabreichung des Pulvers als Allheilmittel propagiert. Seine Wundsalbe auf Basis von Kupfersulfat sollte durch sympathische Wirkung Wunden heilen, indem die Wunde damit eingerieben wurde. Er unterstützte um 1654 die alchemistischen Versuche im Kreis von Samuel Hartlib (dem auch Robert Boyle angehörte) und hatte 1661 in London ein eigenes Labor mit dem siebenbürgischen Alchemisten Johannes Banfi Hunneades als Assistenten.

Im Buch wurde im Detail das Verfahren zur Behandlung von Wunden durch Eintauchen blutgetränkter Kleidung in einer Kupfersulfatlösung beschrieben. In einer solchen Behandlung sollten die Wunden schneller und besser heilen als bei Anwendung schlammiger Patches und Umschläge, die von Chirurgen des 16. Jahrhunderts verwendet wurden.

Kupfer hat sich als sehr aussichtsreicher Wirkstoff für antibakterielle Beschichtungen erwiesen. Dieses Material ist in den letzten Jahren mehr in den Fokus der Forschung gerückt. Die Untersuchungen der antibakteriellen Wirkung von Kupfer gegen Multi Resistente Staphylococcus Aureus (MRSA) zeigten, dass in Abhängigkeit des verwendeten Bakterienstammes und der Umgebungsbedingungen eine vollständige Inhibierung von Bakterien in kürzerer Zeit möglich ist. Als Wirkprinzip wurden hier Defekte und Beschädigungen der Zellmembran durch Kupfer am Bakterium ausgemacht. Die Studien in den Krankenhäusern der USA und Großbritanniens zeigten, dass auf der Kupferoberfläche in zwei Stunden mehr als 90% Bakterien der Arten goldenes Staphylokokkus und Escherichia coli getötet werden. Kupferlegierungen wie Messing und Bronze ergaben die gleichen Ergebnisse.

Gold ist das Metall der Sonne, das Symbol des Reichtums und der Macht und wird seit Jahrhunderten in der Medizin eingesetzt. Für die Aufnahme wurde seit der Antike das goldene Wasser verwendet. Goldhaltige Lösungen sind für viele pathogene Mikroben nachteilig, erhöhen den Blutdruck, regen den Stoffwechsel an und verbessern die Durchblutung. Dieses Metall ist Teil der Medikamente zur Behandlung von rheumatoider Arthritis und Polyarthritis und wird in der plastischen Chirurgie verwendet. In der Homöopathie wird Gold verwendet um Erkrankungen der Gelenke und der Wirbelsäule, Parodontose, Herzkrankheit, der Leber, der Gallenwege und der Geschlechtsorgane zu behandeln.

Goldpräparate liegen in Form einer Aufschlämmung vor und werden in wasserlöslichen Injektionszubereitungen bei der Behandlung von chronischer Arthritis, oft in Kombination mit einem hormonellen oder anderen Medikament verwandt. Radioaktives Gold wird in Verbindung mit chirurgischen und medizinischen Therapien verwendet, um Tumore zu behandeln, sowie für diagnostische Zwecke.

Die Geschichte des kolloidalen Goldes geht auf die Herrschaft der Pharaonen zurück: Mehrere Ärzte im Alten Ägypten bewahrten mit goldhaltiger Lösung Jugendlichkeit, Schönheit und Gesundheit.

Im Mittelalter spielte Gold auch eine besondere Rolle in der Arzneimittelherstellung. Dabei mischten sich Religion, Mystik und Alchemie bei der pharmazeutischen Verwendung von Gold in besonderem Maße. Gold ist natürlich auch ein Spurenelement im menschlichen Körper, besonders goldhaltig sind Leber, Gehirn und Milz. Es fördert unter anderem die Anreicherung der Blutzellen mit Sauerstoff und koordiniert die Leistungen von Nervensystem und Immunabwehr.

Gold entsprach der Sonne, die Sonne dem Herzen (Symbolik der „drei Sonnen": Das kosmische Gestirn, das metallische Gold und das menschliche Herz). Die Stärkung des Herzens lag bei Sol, der Sonne bzw. dem entsprechenden Aurum septem sigilli, dem Gold der sieben Siegel. Dieses „philosophische Gold" sollte, mit „philosophischem", regeneriertem Wein hergestellt, das berühmte Aurum potabile ergeben.

Die Alchimisten des Mittelalters wollten die Naturkräfte, die in der Erde wirken, aus dieser gewinnen und in einer Tinktur (Tinctura von lat. tingere bedeutet färben) konzentrieren.

Mit diesem Konzentrat an Naturkräften wollten sie aus unedlen Metallen Gold machen. Eine solche Tinktur wäre der Stein der

Weisen (Lapis philosophorum) gewesen. Sie glaubten, in ihr würden sich die Kräfte der Natur in einer geringen Menge des Goldes konzentrieren.

Das gelöste Gold sollte die Tinktur rot färben. Es würde, in die Schmelze eines unedlen Metalls wie zum Beispiel Blei eingebracht, dieses sofort in Gold verwandeln. Von dieser roten „Gold Tinktur" glaubten die Alchimisten, dass sie das Allheilmittel sein würde, dass die Menschheit nicht nur von Krankheit, sondern auch vom Tod erlösen könne. Die „Gold Tinktur" ist die Vorläuferin der späteren Goldtropfen, die noch heute als Herz/Kreislaufmittel (allerdings ohne Gold) im Handel sind.

Später wurde allen gelb gefärbten Lösungen in Anlehnung an die Farbenlehre des Aristoteles (die Farbe bestimmt die Eigenschaft eines Körpers) bereits Goldwirkung zugeschrieben.

Im Orient wurden Safran und Gelbwurz eine Beziehung zur Sonne nachgesagt, bei uns wurden diese Drogen den Goldtinkturen zugesetzt.

Neben mystischen Grundsätzen gab es für die praktische Herstellung vielfältige Vorschriften: meist wurde Goldpulver, Blattgold oder Goldfeile mit Weingeist behandelt (Villanova, um 1240 – 1312, Rupescissa, um 1300 – 1365), später auch mit Säften, Essig, Salz-, Salpeter- und Essigsäure bzw. alkalischen Flüssigkeiten. Das Gold wurde dabei je nach Behandlung mehr oder weniger gelöst. Einerseits wurde die Verwendung von Königswasser (welches Gold löst) zu Beginn als zu scharf angesehen (Brunschwig, um 1450 – 1512), andererseits gab es ab dem 17. Jahrhundert sowohl Vorschriften „ohne Schärfe" als auch mit Lösen des Goldes in Königswasser. Aurum potabile wurde auch in Kombination mit anderen Ingredienzien vielfältig eingesetzt. „Es treibt den Schweiß mächtig".

Einer der Bewunderer der Chrysotherapie war zum Beispiel Roger Bacon. Dieser war auf der alchemischen Suche nach einer geeigneten Säure, um Gold zu lösen, und erzielte nebenbei bedeutende Fortschritte in der Chemie. In einem Brief vom 21. März 1595 steht ein Rezept für ein Medikament zur Behandlung von Sir Anton, dem Botschafter der Königin Elisabeth I., eigentlich Elizabeth Tudor, vom französischen Königshof, dass „die königlichen Ärzte ihm eine Alkarmas-Substanz, bestehend aus Moschus, Bernstein, Gold, Perlen und das Horn von einem Einhorn (ein pferdeähnliches Fabeltier), gaben". Sir Anton ist, wahrscheinlich, an einer Lungenentzündung oder einer Blinddarmentzündung gestorben, aber man kann nicht sagen, dass er an seiner Behandlung gestorben ist, weil alle, im Rezept aufgeführten Substanzen und Mittel pharmakologisch inert sind.

Paracelsus hatte Gold als Mittel gegen Infektionskrankheiten, eitrige Wunden bzw. Lepra gepriesen.

Gold ist vom Geist der Sonne beseelt. Es wundert von daher nicht, wenn Paracelsus der Meinung war, dass das Sonnenmetall gegen alle Krankheiten wirken kann, die durch die anderen Planeten verursacht werden. Er schrieb: „Wir können auch verstehen, dass die Quinta Essentia Auri wegen ihrer spezifischen Wirkung und wegen der Kraft, die sie dem Herzen verleiht, imstande ist, gegen alle Gestirne zu wirken".

Auch fördert man mit Gold die Lebenskraft; traditionell ist es Bestandteil von Lebenselixieren. Vor allem aber bewirkt Gold eine größere seelische Gelassenheit sowie mehr Bewusstheit über das eigene Ich. „Eine so große Kraft ist im Golde, dass es alles Kranke wieder herstellt... Das Gold befeuert den Lebensgeist, kräftigt Herz und Geblüt und verleiht Größe und Stärke".

Knallgold (Goldfulminat) wurde im ausgehenden 16. Jh. bekannt. Die erste Beschreibung des Knallgolds stammt von den deutschen Alchemisten Basilius Valentinus und Sebalt Schwertzer. Es entsteht durch die Reaktion von Gold(III)-Oxid, Goldhydroxid oder Gold(III)-Chlorid mit wässriger Ammoniaklösung oder Ammoniumsalzen. In die Nürnberger Pharmakopie wurde dieses erstmals im Jahr 1666 aufgenommen.

Für Knallgold gab es komplexe Herstellungsverfahren:

Gold wurde in „Aqua fort" (Salpetersäure), dem man „Sal armoniacus" (Ammoniumchlorid) zugesetzt hatte, gelöst und anschließend mit „Ol. Tartari" (Kaliumkarbonatlösung), auch als eine Alternative mit „Spiritus urinae" (hergestellt aus verfaultem, destillierten Urin und Weingeist) bzw. „Spiritus armoniacus" ausgefällt und vorsichtig getrocknet. Als Endprodukt entsteht ein Gemisch aus Sesquiaminaurioxid und Diamidoimidoaurichlorid (in getrocknetem Zustand detoniert es bei einem Schlag oder Erhitzen):

$$2Au(OH)_3 \times NH_2 + ClNH_2 \rightarrow Au\text{-}NH\text{-}AuNH_2Cl,$$

nach vollständigem Trocknen $Au_2O_3 \times 3NH_3$.

Das Knallgold wurde im Mittelalter in unterschiedlicher Weise mit anderen Stoffen für die medizinischen Anwendungen vermischt. Neben der schweißtreibenden und abführenden Wirkung wurde die Anwendung gegen „melancholische Krankheiten" sowie als „letztes Mittel bei verzweifelten Krankheiten und bösen hitzigen Fiebern" gelobt.

Allgemein galt Gold in verschiedenen Pulvern verarbeitet als Arznei zur Herzstärkung und gegen Epilepsie.

Zusammen mit Quecksilber und Antimonsulfid wurden später verschiedene Arten von Pillen mit Gold gegen Syphilis eingesetzt.

In Europa wurde das kolloidale Gold erst seit dem 17. Jh. absichtlich verwendet. Doktor R. Koch bestätigte, dass eine reine Goldlösung unikale Eigenschaften hat und die Bazillen der Tuberkulose töten kann. Seit dem 19. Jh. wurde kolloidales Gold für die Behandlungen von Trinksucht, Hautgeschwüren und Verbrennungen, sowie für eine schnelle Heilung von Schnitten und Wunden angewendet, weil Gold den Prozess der Zellregenerierung beschleunigt und eine analgetische Wirkung hat. Auch in der Neurologie kann Gold zur Behandlung von Depressionen eingesetzt werden. Kolloidales Gold (Aurum colloidale) bildet eine tiefrot gefärbte Goldlösung aus gefälltem, sehr fein verteiltem Gold. Die Anwendung erfolgt in Anlehnung an Überlieferungen des Mittelalters innerlich bei Verdauungsschwäche, innerlich und äußerlich gegen Syphilis, Krebs, sowie verschiedene Frauenkrankheiten in Form diverser Pillen und Sirupe. Da sich die organischen Goldverbindungen als weniger toxisch erwiesen, werden sie noch heute erfolgreich zur Behandlung mancher Formen von chronischer Polyarthritis verwendet: Das Präparat Tauredon® enthält Natriumaurothiomalat und wird intramuskulär verabreicht. Eine Goldbehandlung der rheumatoiden Arthritis und der Polyarthritis - auch Aurotherapie genannt - ist seit 1929 bekannt. Die Wirkung basiert auf einer Inhibition von Makrophagen. Dies bremst die nachfolgenden Immunreaktionen mit pathologischem Charakter aus. Die Statistik zeigt, dass 70 – 80% der Patienten keine Kontraindikationen zur Aurotherapie haben. In dieser Hinsicht sind diese Medikamente in der Medizin als basische Antirheumatika verwendbar.

Gold-Nanopartikel werden für eine Anwendung in der Krebsbehandlung erforscht. Forscher fanden heraus, dass solche Nanopartikel nach Röntgenbestrahlung mit einer bestimmten Leistung niederenergetische Elektronen zu emittieren beginnen. Die Elektronen spalten DNA der Krebszellen, wodurch die weitere Teilung der Zellen verhindert wird. Eine weitere Option der Krebsbehandlung ist statt Implantate einzusetzen eine Flüssigkeit mit Goldnanopartikeln einzunehmen. Goldnanopartikel blockieren die Funktion von Gefäßwachstum, ohne eine toxische Wirkung auf Zellen zu haben.

Die Idee, lebendes Gewebe mit Gold verbinden, ist nicht neu. Cleopatra ließ sich feinste Goldfäden unter die Haut implantieren, um Jugend und Schönheit zu verlängern. In unserem Körper werden kleine Goldmengen ohne Schäden durch Anreicherung der Zellen allmählich gelöst. Professor Paul Sederna von der University of Michigan begann, zusammen mit seinem Forscherteam, Untersuchungen der einzigartigen Eigenschaften des Edelmetalls für eine Herstellung künstlicher Nerven. Es wurde geplant, die künstlichen Nerven nicht zur Verbesserung des menschlichen Körpers zu schaffen, sondern zur Ersetzung in Extremitäten, die durch Unfälle verletzt wurden.

Blei ist ein Metall, welches der Erde und dem Planet Saturn zugeordnet war. Die Bleiverbindungen wurden meistens für äußere Anwendungen angewandt und waren häufig Bestandteil von Salben, die zur Behandlung von entzündeten Hautkrankheiten und den Schleimhäuten dienten. Sie wurden zur Behandlung von Tumoren, vaginalen Erkrankungen, Tripper und Syphilis eingesetzt. Die Bleiauflagen wurden effektiv bei Prellungen, gegen schlecht heilende, schmierig belegte Wunden und außerdem bei triefenden und eitrigen Augen verwendet.

Die giftigen Eigenschaften des Bleies sind schon seit der Antike bekannt. Plinius der Ältere warnte vor den Dämpfen, die bei der Verarbeitung von Bleierz aus Minen auftreten. Im alten Rom hatten die Hafenbecken eine Bleiablagerung, und die Wasserrohre wurden aus Blei hergestellt. Archäologische Untersuchungen bewiesen, dass das Leitungswasser damals bis zu hundertmal mehr Blei als das normale Quellwasser enthielt.

Häufiger kamen Bleivergiftungen vom Wein. Die Römer haben ihren sauren Wein oft mit Bleizucker (Bleiacetat) und/oder Bleiweiß (Bleicarbonat) gesüßt. Beide Stoffe machen sauren Wein süß und süffig, sind aber giftig, und die Einnahme führte zu Bleivergiftungen. Die reichen und adeligen Römer tranken sich in den Tod. Plinius wusste möglicherweise, dass Blei giftig ist, aber es ist unklar, ob er wusste, dass die zuckrigen Bleiacetat-Kristalle giftig waren. Und nicht nur von den Römern, auch aus dem Mittelalter und der Neuzeit kennen wir solche Vorfälle. Bis ins 19. Jahrhundert wurden saure Weine mit Bleizucker und Bleiweiß gesüßt. Auch bei Beethoven vermutet man, dass dies seine Todesursache war. Einige Kriminologen gehen davon aus, dass sich der der 1827 56-jährig gestorbene Musiker am übermäßigen Konsum gepanschter Weine mit Blei vergiftete. Inzwischen gibt es daran aber wissenschaftliche Zweifel.

Nach Aussagen von Angehörigen Mozarts sowie von Fachexperten des 18. und 20. Jahrhunderts könnten bleihaltige Verunreinigungen bestimmter Nahrungsmittel sowie reichlich genossene Alkoholika einzeln oder gemeinsam die Entstehung und den Verlauf der Erkrankungen Mozarts wesentlich beeinflusst haben.

Noch Ende des 19. Jahrhunderts war es Alltagswissen, dass viele Menschen krank werden, wenn sie in einem frisch gestrichenen Raum schlafen. Sie bekamen Bleikoliken oder andere akute Bleivergiftungssymptome.

Silber gilt als das älteste und bekannteste bakterientötende Metall, dass seit der Antike verwendet wird, um Krankheiten zu behandeln. Die in der Medizin verwendeten Silberpräparate haben ein breites antibakterielles Spektrum. Ohne das Immunsystem zu hemmen, verhindern sie die Vermehrung von pathogenen Bakterien, Viren und Pilzen. So hemmen zum Beispiel die Silberpartikel das Wachstum von K. pneumoniae und S. aureus. Parallel weisen sie eine zytologische Wirkung auf Fibroblasten auf.

Die starke Heilwirkung des Silbers wurde schon im Altertum genutzt. Vermutlich wurde Silber zuerst im alten Ägypten zu medizinischen Zwecken eingesetzt. Es wurden Silberplättchen auf offene Wunden gelegt um diese schnell zu heilen. Auch die Griechen, Römer, Perser, Inder und Chinesen hatten dafür Verwendung in ihrer Medizin. Seit mehr als 3000 Jahre ist in der Medizin bekannt, dass bei Verwendung von Silbergeschirr und -gefäßen Trinkwasser und Lebensmitteln für längere Zeit haltbar bleiben. Dafür gibt es zahlreiche historische Beispiele. Perserkönig Kyros II. der Große (558 - 529 v. Chr.) benutzte die Silbergefäße zur Speicherung von Trinkwasser während seiner Feldzüge. 326 v. Chr. drangen die Soldaten von Alexander der Große (365 - 326 v. Chr.) in Indien ein. An den Ufern des Indus litt die Armee an einem Ausbruch von Magen-Darm-Erkrankungen.

Überraschenderweise blieben alle Offiziere und Fachleute gesund. Es stellte sich heraus, dass die Offiziere Silbergeschirr und

Silbergefäße benutzten, während die Soldaten Geschirr aus Zinn hatten.

Um Infektionen zu vermeiden, trugen die Offiziere der römischen Armee Lätzchen und Ellenbogen aus Silberplatten.

In Ayurveda wurde mit Silberwasser entzündliche Darmerkrankungen, erhöhte Blasenaktivität, übermäßige Blutungen während der Menstruation, entzündliche Herzerkrankungen und Erkrankungen der Leber und der Milz behandelt. Silbergefäße wurden für die Reinigung von Wasser und anderen Flüssigkeiten von der Mehrheit alter Völker verwendet.

In Indien und China verabreichte man den Menschen bei Erkrankungen des Magens kleine Silberkügelchen zum Schlucken.

Die medizinischen Aufzeichnungen der heilenden Eigenschaften von Silber wurden beim legendären Jabir Ibn al-Sufi Hayyan, in seinem Werk aus der zweiten Hälfte des 10. Jahrhunderts nach Christus, gefunden. Avicenna, dessen Medizinstudium in Bagdad stattfand, verwendete oft Silber in seiner medizinischen Praxis.

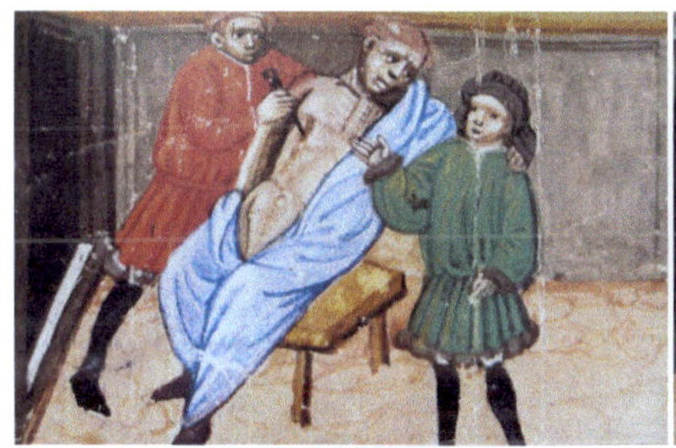

Avicenna: Titelblatt einer hebräischen Übersetzung des „Canon medicinae". Universitätsbibliothek in Bologna.

Im Mittelalter setzte Paracelsus verarbeitetes Silberamalgam in ausleitenden Bädern ein, zur Ausscheidung von Quecksilber aus dem Körper. Die Äbtissin und Naturheillehrerin, Hildegard von Bingen (1098 - 1179) verwendete Silber als Heilmittel bei Verschleimung und Husten.

Konrad von Megenberg, ein Regensburger Domherr und Universalgelehrter aus dem 14. Jh., erwähnte in seinem „Buch der Natur", dass Silber zu Pulver verarbeitet und mit edlen Salben vermischt werden muss und dies dem „zähen Fäulen" im Leib helfe. Er empfahl sie bei Krätze, blutenden Hämorrhoiden und Stoffwechselschwäche zu benutzen.

Die Adeligen bewahrten ihre Vorräte, wie Wasser und Nahrung, in Silbertruhen und -behältern auf und speisten ausschließlich mit Silberbesteck von silbernen Tafeln. Allgemein war Silber ein Mittel, um böse Dämonen und Krankheiten fernzuhalten. Es wurde auch geschabtes Silber mit verschiedenen Pflanzen vermischt um Tollwut, Wassersucht, Nasenbluten und viele andere Krankheiten zu heilen.

Während der Reisen ließen häufig die ersten amerikanischen Siedler einen Silberdollar in Milch sinken, um eine Säuerung zu verhindern. Im Mittelalter wurde das Silber auf den Schlachtfeldern eingesetzt und war weit verbreitet als natürliches Antiseptikum. Durch Aufbringen von Silbergegenständen (meistens Silberanhänger oder Münzen) auf Wunden oder Waschen der Wunden mit Silberwasser wurden Verunreinigungen vermieden. Bei vielen Völkern ist es Brauch, bei der Einweihung eines Brunnens eine Silbermünze hinein zu werfen um die Wasserqualität zu verbessern. In Russland wurde Silber bei Operationen im russisch-japanischen Krieg von 1904 verwendet. Unter Verwendung von Silber stoppte der Engländer Robert Benton die Epidemie von Cholera und Ruhr, die während des Baues der Burma – Assam - Straße herrschte. Benton versorgte die Arbeiter mit sauberem Trinkwasser, welches durch Silber desinfiziert wurde.

Im Osmanischen Reich und einigen anderen islamischen Ländern wurde von den Haremsdamen ein Massagegerät aus Silber verwendet um die Haut zu verjüngen und ihre Schönheit zu erhalten. In der Schweiz war es Brauch, Silbermünzen gegen Zahnschmerzen in den Mund zu legen. Graf Orlov, ein Liebhaber von Katharina II., wusste über die heilenden Eigenschaften des Metalls und verwendete 3000 Silberbesteck- und Silbergeschirrteile. Für ihre Herstellung brauchte man mehr als zwei Tonnen Silber. Britische Offiziere tranken in Kolonien nur aus Silberflaschen und hatten viel seltener Magenkrankheiten als Soldaten. Zu Beginn des zwanzigsten Jahrhunderts wurde Silber in der Medizin zur Behandlung von Infektionskrankheiten breit eingesetzt.

Nach der Entdeckung des schweizerischen Wissenschaftlers Carl Nigel, dass Silberionen in der Interaktion mit Zellen von Mikroorganismen deren Tod verursachen, ist dieses Edelmetall ein Bestandteil der heutigen Medizin. Auf dieser Basis wurde eine ganze Reihe von Medikamenten entwickelt, z.B. spezielle Silberpflaster zur Wunddesinfektion. Es wurden auch Geräte zur Luft- und Wasserreinigung hergestellt, sowie Kleidung und Schuhe mit Silberfäden genäht, um den Geruch von Schweiß zu beseitigen.

Es gibt auch silberhaltige Arzneimittel wie Collargol, Protargol, Höllenstein, usw. Collargol (kolloides Silber) sind grünliche oder blau-schwarze Schüppchen mit einem metallischen Glanz und einem Silberanteil von bis zu 70%. Im Wasser bilden sie eine kolloide Lösung. Dieses Arzneimittel wurde erst 1902 produziert, als der deutsche Chemiker Carl Paal ein Verfahren zur Herstellung feiner Silberpartikel entwickelte. Man verwendet eine verdünnte Lösung zum Waschen eiternder Wunden und Bindehautentzündungen, mit eins bis 2%iger Lösung behandelt man Blasenentzündungen und mit zwei bis 5%iger eitrige Rhinitis. Protargol ist ein silberhaltiger Eiweißverbund, der sich gut im Wasser löst und genau wie Collargol verwendet wird.

Die Mischung aus einem Teil des Silbernitrates und zwei Teilen des Kaliumnitrates verwendet man als "Lapislazuli" zum Anätzen der Haut. Silbernitrat wurde zum ersten Mal von den Alchimistenärzten, dem flämischen Adeligen Johan Baptista van Helmont (1579 - 1644) und dem Deutschen Franciscus de la Boe Sylvius (1614 - 1672) angewandt. Sie stellten Silbernitrat aus Silber und Salpetersäure her. Hierbei trat folgende Reaktion auf:

$$Ag + 2HNO_3 \rightarrow AgNO_3 + NO_2 \uparrow + H_2O$$

Dabei entdeckte man, dass das Berühren der erhaltenen Silbersalzkristalle an der Haut schwarze Flecken verursacht und die Haut bei längerem Kontakt tiefe Verätzungen erleidet. Die therapeutische Wirkung von Silbernitrat ist es die Aktivität der Mikroorganismen zu unterdrücken. Bei niedrigen Konzentrationen wirkt es als ein bindendes und entzündungshemmendes Mittel und bei konzentrierten Lösungen, sowie $AgNO_3$ Kristallen, ätzen diese das lebende Gewebe an. Zuvor wurde Lapislazuli zum Entfernen von Hühneraugen und Warzen und Akne Kauterisation verwendet. In den meisten Fällen finden die eins bis zwei Prozent wässrigen Silbernitratlösungen zur Behandlung von Augen- und Hauterkrankungen Verwendung. Manchmal verwendet man eine 0,06%ige Lösung als entzündungshemmendes Mittel bei chronischer Gastritis und Magengeschwüren (unter der Einwirkung von Salzsäure des Magensaftes wird Silbernitrat schnell zu einem schwerlöslichen Silberchlorid umgewandelt).

Es ist bekannt, dass niedrige Konzentrationen von Silber im Trinkwasser eine bakterizide Wirkung haben. 1869 erkannte der Wissenschaftler Ravelin, dass Silber bereits in niedrigen Dosierungen eine antibiotische Wirkung entfaltet. Karl von Naegeli (1817 - 1891) beschrieb, dass die Konzentration von $1 \times 10^{-6}\%$ Silberionen ausreicht um in Süßwasser entstandene Spirogyra, und $1 \times 10^{-5}\%$ reichen, um Schimmelpilzsporen vollständig zu zerstören. Bei einem Metallgehalt von 10 bis zu 30 Milligramm Silber in einer Tonne Wasser verhindert dies das Wachstum von Bakterien und anderen Mikroorganismen. Gleichzeitig kann man bis zu einem Silbergehalt von bis zu 50 mg pro Tonne Wasser ohne Gesundheitsschäden und Geschmacksveränderung das Wasser trinken. Außer einer Wassersättigung von schwerlöslichen Silbersalzen verwendet man auch die Metallauflösung durch Elektrolyse mit einer streng angepassten Silberkonzentration im Wasser.

In der Mitte des 19. Jahrhunderts wurde Silber dann in seiner kolloiden Form als Heilmittel entdeckt. Zu Beginn des 20. Jahrhunderts wurde Silber intensiv von zahlreichen Wissenschaftlern untersucht und als erprobtes keimtötendes Mittel anerkannt. Angesehene Zeitschriften wie „Journal of the American Medical Association" und das „British Medical Journal" veröffentlichten Artikel über die wunderbaren, heilenden Eigenschaften von kolloidem Silber. Gleichzeitig betrieben die Pharmakonzerne ihre Antibiotikaforschung, und da sich diese im Gegensatz zu Silber patentieren und für teures Geld verkaufen ließen, geriet kolloides Silber in Vergessenheit.

Im Jahr 1895 wurden von dem deutschen Chirurgen Benno Credé zum ersten Mal in der chirurgischen Praxis organische Silbersalze als Antiseptikum zur Wundbehandlung eingesetzt. Das beste Präparat war eine Silbercitratlösung in einer Konzentration von 100 bis 200 mg Silber pro Liter. Später verwendete Credé kolloidales Silber als Antiseptikum für den Hausgebrauch und in der militärischen Praxis. Ammoniakalische silberhaltige Lösungen wurden bei der Behandlung von chirurgischer Sepsis verwendet.

Die Wissenschaftler hatten Interesse in einer Besonderheit des Silberwassers die Krankheiten zu heilen. In den 80er Jahren des 20. Jahrhunderts wurde in der biomedizinischen Forschung festgestellt, dass der eigentliche Wirkstoff nicht das Metall selbst ist, sondern seine Ionen die Enzyme der Krankheitserreger blockieren.

Robert Seiner, der Nobelpreisträger für Medizin, erklärte: „Die Wirkung von Silberwasser auf den menschlichen Körper ist, bei einer täglichen Anwendung, sehr ähnlich einer Anschaffung eines zweiten Immunsystems".

Silber hat in allen Formen (Ionen, Atome, Partikel), direkt oder indirekt, eine keimtötende Wirkung.

Die winzigen Silbermoleküle dringen durch ihre geringe Größe in alle einzelligen Parasiten wie Bakterien, Viren und Pilze und deren Sporen ein und ersticken diese, indem sie dort ein für die Sauerstoffgewinnung zuständiges Enzym blockieren. Der Stoffwechsel der Parasiten kommt so zum Erliegen, und sie sterben ab.

Es ist kein Bakterium bekannt, welches von kolloidem Silber nicht abgetötet wird. Selbst pathogene Mikroorganismen, die bereits gegen Antibiotika immun sind sterben ab. Auch Würmer werden angegriffen. Diese abgetöteten Parasiten werden dann vom Körper abtransportiert und ausgeschieden. Erfahrungsgemäß werden intakte Hautzellen und gesundheitsfördernde Bakterien bei der Behandlung mit kolloidalem Silber nicht geschädigt. Die Enzyme von nutzbringenden Zellen bleiben intakt und werden nicht angegriffen.

Die Silberpräparate enthalten antibakterielle und ätzende Eigenschaften, weil Silber die Vitalfunktionen von Mikroben verhindert und die normalen Funktionen der biologischen Katalysatorenzyme stört. Die Silberionen verbinden sich mit einer Aminosäure (Teil des Enzyms) und Proteinen und stören ihre normale Funktion. Die Silberionen können Bakterienzellmembrane schädigen oder inhibieren die Ionentransportprozesse von enzymatischen Aktivitäten. Es wirkt zusammenziehend auf die Wundoberfläche bei offenen Wunden und beschleunigt das Abheilen erheblich. Die Haut bleibt elastisch, reißt an mechanisch belasteten Stellen spürbar weniger ein und reagiert im Körper wie ein freies Radikal und bindet überschüssige Elektronen. So unterstützt es die Entgiftung bei Schwermetallbelastung.

Silber wirkt nicht nur vernichtend auf lebensfeindliche Formen, es unterstützt auch die Bildung lebensnotwendigen Gewebes und beschleunigt die Heilung von verletztem Gewebe. Der durchschnittliche Silberanteil im menschlichen Körper beträgt 0,001 Prozent. Es wird behauptet, dass das Absinken dieses Wertes für die Fehlfunktion des Immunsystems verantwortlich ist. Silber scheint also eine wichtige Rolle bei den grundlegenden Lebensprozessen zu spielen.

Wie es oft üblich ist - was in geringen Mengen gut ist, ist nachteilig bei Einnahme größerer Mengen. Silber ist damit keine Ausnahme. Bei Einführung wurde an Tieren eine wesentlich größere Konzentration an Silberionen injiziert. Dies führte zu einer Reduzierung der Immunität, Änderungen des vaskulären Gewebes und des Rückenmarks. Eine weitere Erhöhung der Silberdosis führte zu Erkrankungen der Leber, Nieren und Schilddrüse. Es sind Fälle von schweren psychischen Störungen bei Menschen mit Vergiftungen von silberhaltigen Präparaten bekannt. Glücklicherweise bleibt in ein bis zwei Tagen nur 0,02 bis 0,1 % Silber in unserem Körper, und der Rest scheidet aus dem Körper auf natürlicher Weise aus.

Wer seit Jahren mit Silber und dessen Salzen in Berührung kommt, hat das Risiko an Argyrie zu erkranken, da sich Silber in der Haut, in den Schleimhäuten, im Bindegewebe in den Wänden der Kapillare der Nieren, im Knochenmark, in der Milz etc. sammelt. Es ergibt sich eine grau-grüne oder bläuliche Verfärbung. Argyrie entwickelt sich langsam. Erst nach Jahrzehnten wurde eine starke Verdunkelung auf der Haut beobachtet, und die alte Hautfarbe kehrte nie zurück. Bei Argyrie hat eine Person keine Schmerzen oder irgendwelche Störungen, es sei denn, nicht beschädigte Hornhaut und Augenlinsen sind betroffen.

Von manchen Händlern wird kolloidales Silber völlig nebenwirkungsfrei behauptet. Das ist so jedoch falsch! Es sollte darauf hingewiesen werden, dass es bei hoher Dosierung gerade am Anfang zu Unverträglichkeitserscheinungen wie leichter Übelkeit, Schwächegefühl oder einfach einem flauen Gefühl im Bauch kommen kann. Allerdings verschwinden diese Erscheinungen sehr schnell, wenn man in den ersten zwei bis drei Tagen nur eine sehr geringe Dosis zu sich nimmt. Bei plötzlich einsetzender, massiver Abtötung von Erregern kann es zu einer starken Toxinfreisetzung kommen, was sich im Körper als Erstverschlimmerung durch Verstärkung vorhandener und dem Auftreten neuer Symptome (Müdigkeit, leichter Schüttelfrost, leichte Störung der Darmflora) mehr oder weniger stark bemerkbar machen kann. Auch hier ist eine schwache Dosierung angeraten mit gleichzeitigen Ausleitungsmaßnahmen.

Noch ist nicht vollständig erforscht, welche Rolle die Metalle in unserem Körper spielen. Außerdem herrscht bei den Ärzten noch keine einheitliche Meinung über die Grenzwerte der Metalle im Körper. Spurenelemente, von denen die meisten Metalle oder Halbmetalle sind, können bereits bei sehr geringen Mengen ihre

Wirkung entfalten. Genau deswegen besteht manchmal die Gefahr einer Überdosierung.

Paracelsus war überzeugt, dass es für jede Krankheit ein spezifisches Arzneimittel gibt, man muss dieses nur finden. Sein Lieblingsspruch war: „Alles ist Gift, ausschlaggebend ist nur die Menge. Das bedeutet, dass nur eine Dosis bestimmt ob das ein Gift oder Arzneimittel ist."

Obwohl die Paracelsusarzneimittel schnell Gegner im medizinischen Establishment auf den Plan riefen, sind seine Worte bis heute die Basis der pharmakologischen Medizin.

Geschichte des Waschmittels in den Ländern und im Zeitwandel

„Reinlichkeit ist die Schwester der Gottseligkeit".

Josef Spillmann (1842 - 1904), Schweizer Schriftsteller

Heute ist es sehr schwierig, sich die Welt ohne Zahnbürsten, Kinderseife, Waschmittel und andere Sachen, die in jedem Haus sind, vorzustellen. Heutzutage sind es alltägliche Produkte - und weltweit die am häufigsten konsumierten. In ihrer rund 5000 jährigen Geschichte wandelte sich die Seife vom Luxus- und Heilmittel, welche sich nur die Adligen leisten konnten, zum Allerweltsmittel.

Das Bedürfnis und die Notwendigkeit des Wäschewaschens ist so alt wie die Menschheit selbst. Seit der Mensch gelernt hat, mit Fellen, Tierhäuten und Pflanzenmaterial seinen Körper zu bedecken, ist es notwendig, diese „Kleidung" von anhaftendem Schmutz und eventuellen Parasiten zu befreien.

Viel früher, vor der ersten Seifenfabrikgründung, wurden die Waschmittel aus der Natur verwendet. Diese sind auch heute noch den Menschen gut bekannt.

In einigen Ländern gaben sich die Menschen wenig Mühe um das Geheimnis der Seifenherstellung zu finden. Im Altertum nahmen die Leute Bohnenmehl, Gärstoff aus Gerste, Ton, Bimsstein und Lauge zum Waschen. Längere Zeit wurde Holzasche für das Waschen verwendet.

In einigen Regionen von Russland und im Norden der Ukraine verwandte man zum Waschen die Asche der verbrannten Sonnenblumenstengel. Nach dem Vermischen der Asche mit heißem Wasser entstand eine alkalische Lösung, die den heutigen Waschmitteln ähnlich ist.

Im Alten China wurde nie Seife hergestellt. Aus der Natur lieferten dort die saponinreichen chinesischen Geweihbäume (Gymnocladus chinensis) einen Seifenersatz. Nach dem Ausquetschen ihrer Hülsenfrüchte entstand ein weiches grünes Waschmittel. Dieses wurde zusammen mit Mehl, Mineralsalzen und duftenden Stoffen zu Kugeln geformt und seit der Han-Dynastie (206 v. Chr. - 220 n. Chr.) sowohl zum Körper- als auch zum Wäschewaschen verwandt.

Seit dem Altertum verwendet man in Japan für die Hautreinigung Reiskleie anstelle von Seife.

Aperroseife.   *Waschnüsse.*

Die spanischen Konquistadoren waren sehr überrascht, dass die Inka ein Produkt aus dem Seifenrindenbaum zum Waschen benutzten. Die Rinde dieses Baums, die Saponine enthält, bildet im Wasser viel Schaum, hat eine höhere Reinigungswirkung und wird vor allem als Haarwaschmittel genutzt wird. Weil dieses Mittel keine Lauge enthält, wird die Haut nicht gereizt. Die Nüsse des Waschnussbaums (Sapindus saponaria), eines der ältesten Waschmittel in der Welt, sind noch im alten Indien und präkolumbische

Süd- und Zentralamerika, gut bekannt. Sie enthalten die natürlichen Schaumbildner - Saponine, die in der Umwelt vollständig abbaubar sind und im Gegensatz zu Seifen keine Alkalität in der Lösung bilden. Noch ein Vorteil ist, dass die Waschnüsse hypoallergen sind und für das Waschen von z.B. Kinderwäsche verwendet werden können.

Es wurde bemerkt, dass sich die heutige Sorte Sapindus Mukorossi besser für das Waschen in der Waschmaschine und die wilde Sorte Sapindus Trifoliatus für das Handwaschen eignet, weil viel Schaum gebildet wird und es einen leicht blumig-fruchtiger Geruch hat.

Ein weiteres natürliches Waschmittel ist das Seifenkraut. Dieses Kraut wächst an Teichufern, blüht mit kleinen weißen sowie rosa Blüten und ist sehr bescheiden in seiner Natur. Der Wurzelaufguss von Saponaria officinalis schäumt sehr gut und hat eine höhere Reinigungskraft, da es bis zu 35% Saponinen enthält.

Aufgrund der Schaumbildung hat der Wurzelaufguss eine ähnliche Wirkung wie die modernen Tenside:
- Herabsetzung der Oberflächenspannung des Wassers.
- Umhüllung der abgelösten Schmutzpartikel mit Schaum zur Entfernung vom Gewebe.

Das Seifenkraut ist in der Provence (Frankreich) heimisch, zur Herstellung eines Wurzelaufgusses müssen ganze Pflanzen gerodet werden.

Seifen im alten Griechenland

In der menschlichen Geschichte ist das Wasser ein Urwasch- und -reinigungsmittel. Es wurde anfänglich klares, kaltes Wasser am Gewässerrand verwendet. Dies ist heute noch in einigen Regionen der Welt üblich.

Herodot (5. Jh. v. Chr.) schreibt, dass die Phönizier von Skythen in den südlichen Gebieten Russlands die Seifenherstellung viel später übernahmen. Möglicherweise passierte es im 7. Jh. v. Chr., als sie den Feldzug in den Nahen Osten unternahmen. Nach Herodot bereiteten die skythischen Frauen eine Salbe aus Geriebenem des Zypressen- und Zedernholzes, Wasser und Weichrauch, mit welcher der Körper eingeschmiert wurde. Nach der Entfernung der Salbe mit einem Werkzeug - z.B. einem Striegel - war die Haut sehr sauber und glatt. Es war auch bekannt, dass die gefetteten Haare mit Asche bestreut und dann mit Wasser angefeuchtet wurden. Danach bildete sich ein Schaum, der eine bessere Waschwirkung hatte.

Die Wäsche wurde meistens am Ufer des Flusses oder an Meeresküsten gewaschen. In Tonerde wurden kleinen Grübchen gegraben und mit Wasser gefüllt. Die Frauen brachten in Handwagen die Wäsche, trugen sie in die Grübchen, sprangen hinein und stampften mit den Füssen. Der Ton hilft der Reinigungswirkung. Dann wurde die Wäsche gespült und am Meeresufer ausgelegt. Zur Hilfe kamen die brechenden Wellen am Strand, da die Wäsche über Ufersteine gerieben wurde und somit den Waschvorgang abschloss.

So wird von Homer der Waschprozess im antiken Griechenland in seiner Odyssee beschrieben:

„Als sie nun das Gestade des herrlichen Stromes erreichten,

wo sich in rinnende Spülen die nimmerversiegende Fülle

schöner Gewässer ergoss, die schmutzigsten Flecken zu säubern,

spannten die Jungfrauen schnell von dem Wagen Deichsel die Mäuler,

ließen sie an dem Gestade des silberwirbelnden Stromes

weiden im süßen Klee, und nahmen vom Wagen die Kleidung,

trugen sie Stück vor Stück in den Gruben dunkles Gewässer,

stampften sie drein mit den Füßen, und eiferten untereinander.

Als sie ihr Zeug nun gewaschen und alle Flecken gereinigt,

breiteten sie's in Reihen am warmen Ufer des Meeres,

wo die Woge den Strand mit glatten Kieseln bespült.

und nachdem sie gebadet und sich mit Öle gesalbet,

setzten sie sich zum Mahl am grünen Gestade des Stromes,

harrend, bis ihre Gewand am Strahle der Sonne getrocknet".

Wie die Darstellung der Wäscherei in Schottland Ende des 18. Jahrhunderts zeigt, hielt sich die griechische Waschmethode des Stampfens der Wäsche mit den Füssen teilweise noch sehr lange. In ländlichen Gegenden wurde dieses Verfahren zum Teil noch in den fünfziger Jahren des 20. Jahrhunderts praktiziert, Andererseits wurden aber die Waschmethoden optimiert indem man mit „fließendem" Wasser wusch.

Der erste Reinigungsfortschritt war die Verwendung von heißem Wasser, da dieses schon deutlich verbesserte fett- und schmutzlösende Eigenschaften als kaltes Wasser hat.

Zur Reinigung wurde dann schon sehr bald Sand verwendet, der auch heute noch zumindest im Begriff „Scheuersand" geläufig ist. So ist die Wäscherei eine uralte Kunst, die sich mehrere Jahrtausende zurückverfolgen lässt. Die beiden wichtigsten Verfahren stellen dabei seit jeher einerseits die Behandlung mit Wasser und andererseits die mechanische Bearbeitung der Wäsche dar.

Ebenfalls aus dem Orient stammt die Kenntnis der Nutzung von ausgefaultem Urin bzw. Kot als Waschmittel. Wenn der Urin einige Tage zusammen mit Fett in Verbindung bleibt, bildet sich die flüssige ammoniakalische Seife, die sehr gut den Schmutz entfernt. Der Inhaltsstoffgehalt des Urins unterliegt physiologischen Schwankungen, manche Substanzen werden auch tagesperiodisch in unterschiedlichen Konzentrationen ausgeschieden. Die Angaben der Zusammensetzung des Urins beim gesunden Erwachsenen sind in folgender Tabelle angegeben.

Zusammensetzung des Urins

Inhaltsstoffe des Urins	[g/Tag]
Harnstoff	20 - 35
Harnsäure	0,2 – 1,2
Kreatinin	0,8 – 2,0
Natrium-Ionen	3,0 – 6,0
Kalium-Ionen	1,5 – 3,2
Ammonium-Ionen	0,5 – 1,0
Kalzium-Ionen	0,1 – 0,25
Magnesium-Ionen	0,1 – 0,2
Chlorid-Ionen	3,6 – 9,0
Phosphat-Ionen	0,9 – 1,3
Sulfat-Ionen	1,9 - 2,3

Insgesamt werden pro Tag als Trockensubstanz des Urins von einer Person ca. 60 g ausgeschieden.

Da der Urin Phosphat und auch Zitronensäure enthält, die Komplexbildner sind, wird damit das Wasser enthärtet. Die Lösung schäumt, wenn das Waschgut in der Urinwaschlauge auch noch ausreichend mechanisch behandelt wird, besonders wenn der Urin an- bzw. ausgefault ist. Die reduzierenden Substanzen im Urin entfärben auch natürliche Farbstoffe, so dass bei der Wäscherei auch Grasflecken behandelt werden.

Sumerische Tontafel

Vor vielen Tausend Jahren erkannte man, dass das Wasser durch bestimmte Zusätze höhere Waschkraft hat. Man weiß auch,

dass sich beim Erhitzen von Fett und Holzasche seifenähnlicher
Stoff bildet.

Bereits die Sumerer verfügten über Wissen im Bereich der Chemie. Das älteste Zeugnis, das über Seife zum Waschen von Wolle in sumerischer Sprache berichtet, ist eine Tontafel aus dem 3. Jahrtausend v. Chr., die im Gebiet von Euphrat und Tigris, in der kleinen Stadt Tello in Mesopotamien (im heutigen südlichen Irak), gefunden wurde. Auf der Tafel wird mit Keilschrift ein Prozess der Tuchherstellung, das Walken, Waschen und die Seifenherstellung beschrieben. Damit ist die Seife das älteste Chemieprodukt der Welt.

Sumerer lösten Pflanzenasche, die aus Dattelpalmen oder Tannenzapfen hergestellt wurde und besonders viel kohlensaures Kalium enthielt, in Wasser auf und erzeugten so Laugen. Diese einfachen Laugenrezepturen entwickelten sie dadurch weiter, dass sie dem Pflanzenöl Pottasche zusetzten, mehrere Stunden kochten und so ganz einfache Schmierseifen herstellten. Die Masse erreichte schließlich die Konsistenz von Honig.

Bei der heutigen Seifenherstellung erhitzt man ein Fett zusammen mit einer Alkalilauge (z. B. Kalilauge). Dabei werden die Esterbindungen der Fettmoleküle gespalten und es entsteht unter anderem ein Alkalisalz der Fettsäure - die Seife. Diesen Prozess nennt der Chemiker die Verseifung.

Wie man klar sehen kann, ist auch nach tausenden Jahren grundsätzlich keine Änderung in der Seifenherstellung festzustellen. Heute wird für die Seifenherstellung die genau gleiche Technologie benutzt.

Altes Ägypten

Aus dem sumerischen Kulturraum gelangte das Wissen der Herstellung dieses Mittels nach Ägypten. In Ägypten wurde zudem Soda als waschwirksam erkannt. Soda wurde in der Wüste oder in ausgetrockneten Salzseen als Mineral abgebaut oder auch durch das Verbrennen von natriumchloridhaltigen Meerespflanzen gewonnen. Diese Asche beinhaltete neben dem Soda natürlich auch wieder Pottasche.

Archäologen aus Ägypten behaupten, dass die Seife im Alten Ägypten vor fast 6000 Jahren erfunden wurde. Als Beweise dienen Aufzeichnungen auf Papyrus, die die Seifenherstellung zeigen. Sie sind sicher, dass im Alten Ägypten die Produktion funktionierte, wo man die tierischen und pflanzlichen Fette erwärmte und mit Soda und verschiedenen Alkalien, die im Niltal gefunden wurden, vermischte.

Im größten medizinischen „Buch" des Altertums - dem Papyrus Ebers (16. Jh. v. Chr.), welches sich in der Universitätsbibliothek Leipzig befindet, wurden die Rezepte der Salben und Reinigungsmittel in Altem Ägypten, die aus Ölen, Fetten und Asche hergestellt wurden, beschrieben. Solche Seife wurde nicht nur für das Waschen des Körpers, sondern auch für die Wäsche waschen verwendet. Für eine Verstärkung der Waschwirkung wurde noch die Holzasche mit Soda vermischt. In der Natur findet sich Soda als Naturmineral - Natriumkarbonat (Na_2CO_3) auch bei der Verbrennung von Tang. Das „Waschmittel" der Ägypter hieß „Trona" und war ein sodaähnliches Alkalisalz aus dem Niltal mit der Zusammensetzung Na_2CO_3 x $NaHCO_3$ x H_2O, das mit Fetten vermischt und erhitzt wurde. Ägyptische Wandbilder aus dem Jahre 600 v. Chr. zeigen, wie Sklaven die Wäsche in einem Waschmittel wringen, mit Keulen schlagen, zusammenlegen und anschließend verpacken. Außerdem ist in den Papieren erwähnt, dass die Ägypter die Seife in der Weberei für die Vorbereitung der Wolle verwendeten.

Im Alten Testament wurde die Seife auch erwähnt, wie zum Beispiel im Kapitel 2, Abschnitt 22 des Buches vom Propheten Jeremia, (6. Jh. v. Chr.): „Selbst wenn du dich mit Lauge waschen und noch so viel Seife verwenden wolltest, deine Schuld bliebe doch ein Schmutzfleck vor meinen Augen."

Seifen und Wäscherei in Rom

Wie die Griechen kannten auch die Römer die Kunst der Seifenherstellung. Die erste schriftliche Erwähnung über Seife in europäischen Ländern trifft man beim römischen Schriftsteller und Wissenschaftler Plinius der Ältere.

Plinius beschreibt, dass die Gallier mit denen die Römer Kontakt hatten, Seife aus Ziegen- bzw. Schafsfett und Buchenasche zubereiteten. Allerdings wurde die Seife von der Gallier zur Haarverschönerung als kosmetisches Mittel benutzt sowie auch für die Behandlung von Hautkrankheiten. Seit ca. 6. Jh. v. Chr. lernten die Phönizier und Gallier die Seife aus Ziegelfett und Holzasche zu kochen. In seinem "Naturalis historia" berichtet Plinius der Ältere, dass die Seife ein wichtiger Bestandteil des Lebens des römischen Volkes gewesen ist. Plinius war der erste, der das Wort "Seife" (lateinisch "Sapo") als Ergebnis der chemischen Reaktion zwischen Fett und Asche verwendete. Er schrieb über das Verfahren der Seifenherstellung durch Verseifung des Fettes. Bei diesem Verfahren wurden harte wie auch weiche Seifen hergestellt, die dann für kosmetische Zwecke verwendet wurden.

Über den Seifenwert als Reinigungsmittel berichtete der größte römische Arzt Galenos (130 – 205 n. Chr.), dessen medizinische Ansichten in der Welt mehr als vierzehn Jahrhundert herrschten. Galenos war der Arzt des römischen Imperators Mark Aurelius und der Arzt der Gladiatorenschule. Er schrieb mehr als 500 medizinische Traktate und berichtete, dass Seife als Heilmittel erweichend wirkt und den Schmutz von Körper und Kleidung entfernt. Zum ersten Mal erwähnt wurde im 4. Jh. n. Chr. der Handwerksberuf des Seifensieders (Saponarius).

Lange Zeit war Seife als Luxusware geschätzt und stand auf gleicher Stufe mit teuren Arzneimitteln.

Im Altertum meinten die Leute, dass Seife Hautkrankheiten effektiv heilt und sie benutzten für die Behandlung gereizter Haut und Wunden von Lepra betroffenen Menschen. Auch der berühmte arabische Arzt Avicenna, der im 11. Jh. lebte, empfahl die Seife nur für das Waschen der Menschen mit Lepra-Krankheit und die Behandlung anderer Hautkrankheiten. Den gesunden Leuten empfahl er Tonerde für die Reinigung der Haut.

Römer wie Griechen reinigten die Haut mit Hilfe des speziellen metallischen Werkzeuges – Strigilis. Zuerst wurde die Haut mit dem Öl geschmiert, dann wurden Schmutz, Schweiß und Ölreste abgekratzt. Bei den reichen Leuten war dies eine Aufgabe der Sklaven in den römischen Thermen.

Es gibt eine Legende, dass das Wort „Seife" vom Berg Sapo in altem Rom stammt. Dort wurde die Darbringung von Opfern an die Götter zelebriert und der tierische Speck, der nach der Darbringung der Opfer übrigblieb, vermischte sich mit der Asche und wurde während des Regens nach unten zum Fluss Tiber gespült. Als die Frauen am Flussufer die Wäsche wuschen, merkten sie, dass in dieser Zeit die Wäschen viel besser gereinigt wurde.

Niemand weiß leider, wo sich der Berg Sapo befindet, weil keine römische Quelle über seinem Standort etwas aussagt. Das Wort „Sapo" wurde aus den keltischen und germanischen Sprachen genommen und bedeutet nur Fett. Außerdem fanden die Wissenschaftler heraus, dass die Römer die Opfertiere nicht vollständig verbrannten. Es wurden nur die Knochen und die Eingeweide verbrannt. Das Fett und das Fleisch haben die Leute selber gegessen. Außerdem konnte die Darbringung der Opfer in Rom nicht so viel Fett ergeben, dass es vom Berg abfließen konnte.

Erst zu dem Zeitpunkt, an dem die Seife den Römern bekannt war, wurde die Wäsche mit Wasser und verschiedenen Tonerden gewaschen.

Statt Wasser wurde auch Urin verwendet. Da die Römer nicht unbedingt auf Toilettenhygiene achteten, sondern in armen Stadtvierteln auch aus Kostengründen ihre Umgebung als Toiletten benutzten, kamen die Tuchwalkers (Fullones) durch das Aufstellen von Amphoren mit abgeschlagenem Hals in Seitengassen als „Pissoirs" kostenlos zu ihrem Waschmittel. Archäologen kennen die Urin-Amphoren nur zu gut - angiporto amphora oder vasae curtae. Von Ausgrabungen ist bekannt, dass solche Vasen in römischen Städten an wichtigen Verkehrsknotenpunkten aufgestellt wurden und so quasi als öffentliches Pissoir dienten. Geleert wurden sie von den Fullonen, den Urinwäschern, die den Inhalt zum Reinigen der römischen Togen verwendeten.

Die Fullonen des alten Rom waren nicht die Ersten, die von der reinigenden Wirkung des „menschlichen Wassers" wussten. Schon im alten Ägypten wurde bei der Bearbeitung von Wolle ebendieser Grundstoff verwendet. Die Fullonen, die nichts anderes erledigten als unsere heutigen Wäschereien, waren also vor allem daran interessiert, viel Harn zu sammeln. Darum verteilten sie ihre Urin-Amphoren in der Stadt und luden die Bürger ein, ihren Roh-Ammoniak dort hineinzupinkeln. Der Praktikabilität halber schlugen sie den Amphoren die Hälse ab, damit die Erledigung der Notdurft treffsicherer gelang. Auch die Besitzer öffentlicher Pissoirs wurden um deren wertvollen Inhalt gebeten.

Zum Waschen selbst wurde häufig Flusswasser oder grob vorgereinigtes Abwasser verwendet, auch dies stellte eine enorme Kostenersparnis dar. Der römische Dichter Marcus Valerius Martialis (40 n. Chr. - 102 n. Chr.) berichtete darüber in einem sehr scharfen Epigramm. In unserer Zeit wurde in der Nähe des Wohnortes von Fullon Flabius eine große Weinamphore mit gebrochenem Hals gefunden. Nach Martialis war das die „alte Tasse des geizigen Fullons" - das einzelne Exemplar, das auf seinem Platz blieb. Allerdings ließ die bessere römische Gesellschaft zur Vermeidung des Geruches im eigenen Haus bei gewerbsmäßigen Wäschern waschen, die den Urin in den römischen Siedlungen sammelten. Das Gewerbe der „Fullones", der Wäscher und Walker galt aufgrund der Nutzung dieses Waschmittels als ebenso anrüchig wie einträglich, so dass es zu dem berühmten Ausspruch von Kaiser Vespasian „pecunia non olet" „Geld stinkt nicht" kam.

Kaiser Vespasian erhob eine Steuer für Urin. 1. Jh. v. Chr., Archäologisches Museum, Neapel.

Römische Wäscherei von Mazzano bei Viterbese. Alto Lazio Italien. (Das Bild entstammt mit freundlicher Genehmigung von Herrn Giuliano Borgianelli Spina).

Dieser rührt aus folgender Begebenheit: Als Titus, sein Sohn, ihn rügte, weil er eine Steuer für Urin erhob, hielt Kaiser Vespasian seinem Sohn eine Münze vor die Nase, die aus den ersten Gewinnen dieser Steuer stammte, und fragte ihn, ob er den Geruch dieser Münze als anrüchig empfinde. Als Titus mit „Nein" antwortete, sprach der Kaiser: „Und doch stammt sie vom Urin". Non olet - es stinkt nicht."

Die Wäsche wurde je nach Wäschereigröße in verschieden großen Gefäßen mit Urinwasser versetzt und durch Walken, d. h. Stampfen mit den Füßen, gewaschen.

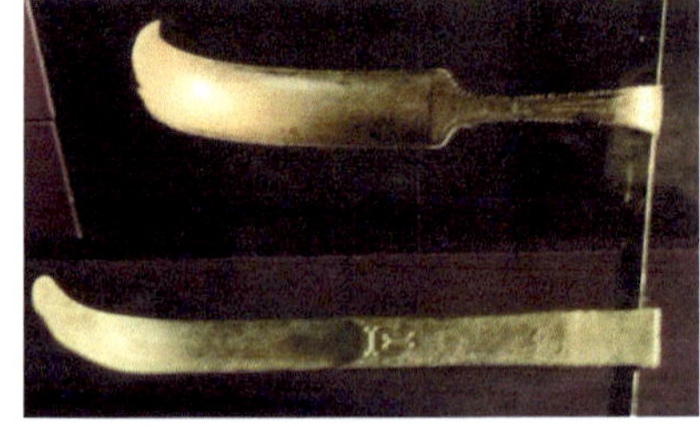

Römischer Strigilis aus Bronze (1. - 2. Jh. n. Chr.), zum Abstreifen überschüssiger Öle und Balsame von der Haut. Archäologisches Museum, Metz.

Während in Großwäschereien mehrere Walker im Waschbottich beschäftigt waren, wurden in kleineren Wäschereien „Ein-Mann-Bottiche" verwendet, wie die Darstellung aus dem Gildehaus der Fullones in Pompeji zeigt.

Eine Optimierung des Waschmittels für besondere Reinheit und Leuchtkraft der Farben wurde dem Zusatz von Schaf- und Schweinekot zugeschrieben. Teilweise wurde die Wäsche auch nur mit Kot ohne Urin gewaschen.

Die Zusammensetzung des Kotes ist von Art zu Art verschieden, sogar zwischen den einzelnen Individuen verschieden. Der Kot ist ein komplexes Gemisch von Nahrungsresten, Cholesterin, Purinbasen, Aminosäuren, Fetten, Produkten der Darmfäulnis. An anorganischen Inhaltsstoffen finden sich überwiegend Stickstoffverbindungen, Kalium, Kalzium, Magnesium, Eisen und Phosphate. Der Phosphatgehalt ist zwar im Durchschnitt niedriger als im Urin, aber zum Waschen ausreichend groß. Allerdings hat Schweinekot den Nachteil, dass auch bei starker mechanischer Einwirkung nur eine geringe Schaumentwicklung zu erreichen ist. Zur Schaumverbesserung wurde deshalb ein Wasch- und Färbehilfsmittel zugesetzt, das englische Tuchmacher noch im 18. Jahrhundert verwandten. Schaf- bzw. Ziegenkot schäumt nur unwesentlich besser, aber durch den hohen Anteil an Pflanzenresten ist in der Waschflotte eine Matrix, die den Schmutz sehr gut mit abschwemmt. Da in Südfrankreich schon immer die Schafzucht im Vordergrund stand, war dort das Waschen mit Schweinekot nie gebräuchlich. Man kann davon ausgehen, dass die Römer mit Urin, Kot oder einer Mischung aus beidem wuschen, und dass bei einer Wasserhärte von 25°dH etwa 125 mg/l Kalzium und Magnesium gebunden werden müssen, um in der Waschflotte ca. 10°dH zu erreichen. Um die Waschflotte um 15°dH zu reduzieren, müssen 75 mg/l Phosphor zugegeben werden, dies entspricht etwa 4 g Urin als Trockensubstanz.

Die Kleidung der besseren römischen Gesellschaft bestand aus Tunika und Toga, die bei einem Volumen von 13 Litern auch etwa 2 kg wog. Die Kleidung der Damen war von Gewicht und Volumen vergleichbar. Die waschbaren Teile der Militärkleidung bestanden überwiegend aus dem unter der ledernen Uniform getragenen Hemd mit etwa halbem Gewicht und Volumen der o. g. Kleidung.

Sklaven und Mühlenarbeiter hatten prinzipiell nur einen Lendenschurz, der etwa 300 g gewogen haben dürfte. Das Personal der besseren Gesellschaft hatte eine vergleichbare Kleidung wie ihre Herrschaft, die dann prinzipiell genauso rein sein musste.

Man kann davon ausgehen, dass diese Kleidung regelmäßig, mindestens einmal pro Woche gewaschen wurde, da der Römer mindestens einmal in sauberer Kleidung zum Forum ging.

Es ist durchaus denkbar, dass die Römer der höheren Gesellschaftsschicht ihre Kleidung sogar noch öfter waschen ließen.

Die saubere äußere Erscheinung war im alten Rom hochgeschätzt. Ein bemerkenswerter Römer wurde als "lautus" bezeichnet, als "gut gewaschen". Die weißen Togen der Würdenträger spiegelten den vermeintlich reinen Charakter ebendieser wider. Die Fullonen, die den Römern diesen Dienst erwiesen, wurden darum jedoch nicht in Ehren gehalten, sondern, im Gegenteil, karikiert. Unzählige satirische Verse handeln von ihrer Zunft, wobei ein Altertumsforscher bemerkte, dass die römische Elite jeden verspottete, der arbeitete. Cicero, so heißt es, stammte von einem Fullonen ab, und es wurde ihm nachgesagt, er ging mit seinen Vorgesetzten um wie der Fullone mit den Kleidern.

Vor allem in Pompeji stießen die Archäologen bei Ausgrabungen auf Reste von Fullonen-Betrieben, die zum Teil in der Stadtmitte lagen. Im Jahr 1825 wurde in Pompeji auf der Mercury Straße ein Haus, das die größte Tucherei in Pompeji war, ausgegraben. Außer speziellen Werkzeugen wurden auch die Fresken, die die Arbeit der Fullonen erklärten, gefunden. Mit diesen Fresken wurde die große Ecksäule, die die Terrasse auf dem Hof stützte, bemalt. Auf der ersten Freske wurden vier geteilte Abteilungen mit Trendnischen gezeigt.

***Römische Bügelpresse für Wolltuch und Filz**. Fresco aus der Fullonica (Walkerei) des Veranius in Pompeji. Wahrscheinliche Funktionsweise: Gewichte belasten das Bügelgut. Die nach oben konisch verlaufenden Zahnstangen werden an den Ketten seitlich gezogen und so oben Querträger ein- und ausgerastet. Archäologisches Museum, Neapel.*

Jede Abteilung hatte einen großen mit gefüllten Flüssigkeit, Rundbehälter. In der Flüssigkeit stehen ein alter Arbeiter und zwei Knaben. Sie nehmen ein Gewebestück aus dem Behälter und halten dieses hoch um die Flüssigkeit abfließen zu lassen; der dritte Knabe hält sich mit den Händen an der Wand seiner Abteilung fest und springt zum Fullone-Tanz in den Bottich.

***Wäschewalken**. Nach einem Wandgemälde aus der Fullonica (Pompeji). Zum ersten Mal wurde dieses Bild im „Führer durch Pompeji auf Veranlassung des Deutschen Kaisers" von August Mau im Jahr 1896 publiziert.*

Durch Wandmalereien in Pompeij hat man eine ziemlich genaue Vorstellung vom Ablauf eines solchen Betriebs. Die dreckigen Kleider wurden demnach zuerst in Bottichen eingeweicht, was je nach Verschmutzungsgrad bis zu drei Tage dauern konnte. Als Waschmittel diente eine Mischung aus Urin, Seifenkraut, Pottasche und Tonerde.

Nach dem Einweichen wurde mit den nackten Füßen auf den Kleidern herumgestampft, eine Tätigkeit, die vermutlich oft von Kindern erledigt wurde. Diese Form des Walkens half, den Schmutz aus den Fasern zu lösen. Danach wurden die Kleider gründlich ausgewaschen und geklopft, um das Gewebe wieder zu festigen, schließlich auf Holzstangen gehängt und getrocknet. Es gab sogar ein römisches Gesetz, das den Fullonen das exklusive Recht einräumte, Kleider auf den Straßen zu trocknen. Nach dem Trocknen hängte man die Kleider auf Stangen und bearbeitete sie mit Disteln, um Unebenheiten zu entfernen. Im nächsten Schritt wurden die Kleider auf eine Art Korb gespannt, unter dem Schwefel verbrannt wurde, um sie zu bleichen.

Um ausgebleichte Farben aufzuhellen, wurde eine besondere Tonmischung auf die bunten Stellen gerieben. Die Kleider der Senatoren dagegen, die strahlend weiß zu sein hatten, wurden mit einer anderen Mischung bearbeitet. Der letzte Arbeitsschritt war das Bügeln oder Pressen: eine Toga sollte einen ordentlichen Faltenwurf haben. Außerdem wirkten gebügelte Stoffe damals wie heute reiner. Wurden die Kleider beschädigt oder falsch ausgehändigt, erwartete den Fullonen eine entsprechende Strafe.
Neben dem Reinigen leisteten die Urinwäscher einen weiteren Service: Sie behandelten rohe Wollstoffe mit der Urinmischung, um auf das Wollfett einzuwirken. Eine Methode, die im englischen Oxfordshire bis vor Kurzem noch für die feinen, in Luxusgeschäften angebotenen Witney-Wolldecken verwendet wurde. Auch in Österreich-Schlesien war diese Art der Wollbehandlung bis zu Beginn des letzten Jahrhunderts gebräuchlich. Dort sammelte man, ähnlich wie im alten Rom, den menschlichen Urin in Tonnen, die meist vor Gasthäusern standen.

Arbeiter hängen Wäschestücke zum Trocknen auf (L), ein Arbeiter kämmt eine Tunika, ein anderer Arbeiter trägt ein Gestell aus Weidengeflecht, über das Stoffe zum Bleichen gelegt werden (R). Römisches Fresco aus der Fullonica (Walkerei) des Veranius Hypsaeus in Pompeji. Archäologisches Museum, Neapel.

In südlicheren Städten des Römischen Reiches, wie Jerusalem oder Karthago, scheinen die Fullonen sich eher außerhalb, im Bereich der Stadtmauer, niedergelassen zu haben. Wahrscheinlich ist diese Tatsache auf den Geruch ihres Waschmittels zurückzuführen, das, durch die warme Luft verstärkt, doch etwas anders duftete als die heute übliche Seife.

Seifenherstellung in Mittelalter

Etwa seit dem zweiten und dritten Jahrhundert n. Chr., spätestens aber seit der Invasion der Mauren in Spanien und teilweise in Südfrankreich (7. Jahrhundert) wurde die Seife optimiert, indem statt tierischem Fett Olivenöl verwendet wurde. Die Araber benutzten tierische Fette, doch zu Beginn des 8. Jahrhunderts wurden diese Fette teilweise durch Olivenöl ersetzt. Nur Olivenöl war in der Lage, der Seifenmasse eine feste Konsistenz und einen angenehmen Geruch für zahlreiche Verwendungsmöglichkeiten zu verleihen.

Vermutlich erhielt die Seifensiederei in Südfrankreich einen Aufschwung durch die häufig einfallenden sarazenischen bzw. maurischen Piraten, die zeitweise hier siedelten, wie noch heute geographische Namen erkennen lassen, wie z. B. „Massive des Maures" (Gebirge der Mauren bei Marseille) oder der Ortsname „Mouriès", der sich ebenfalls von „Mauren" ableiten soll.

Die beinahe industrielle Seifenproduktion begann unter Karl dem Großen, der im „Capitulare de villis vel curtis imperii" verlangte, dass auf jedem der Meierhöfe ein Seifensieder angestellt war (Kapitularien sind, wie der Name sagt, in Kapitel gegliederte Erlasse und Verordnungen von gesetzgeberischem, administrativem oder religiösem Charakter). Im Lauf der Zeit wurde die Asche durch Alkali ersetzt, wodurch die Seifenqualität noch mehr verbessert wurde. Allerdings stellte man auch fest, dass Holzasche allein auch eine gute Waschwirkung hatte.

Bereits im 8. Jahrhundert wurde in Italien eine Substanz zubereitet, die man als Seife bezeichnete. Alles begann mit Holzasche und Ziegenfett und wurde im Laufe der Jahre stetig weiter entwickelt und verbessert. Die ausgebrannte, weiße Asche wurde ins Wasser gegeben um eine Lauge herzustellen und dann wurde das Fett in der Lauge gekocht. Ausgelassenes Fett (Talg) war praktisch geruchlos. Vor der Verwendung musste die Seife mehrere Wochen lagern (reifen).

Ohne Duftstoffe riecht die Seife im Wesentlichen nach dem verwendeten Fett und auch ein bisschen scharf - wie Kernseife, was moderne Kernseife meist an sich hat.

Erst die Araber verkochten im siebten und achten Jahrhundert Öl und Lauge in größeren Mengen und schufen so die Seife, wie wir sie heute kennen. Seit Anfang des 7. Jahrhunderts waren die Städte Basra und Kufa in Iraq Zentrum der Seifenherstellung. Sie stellten feste Kaliseifen her, indem sie Soda oder Pottasche mit Ätz-

kalk (Calciumhydroxid) kaustifizierten, d. h. alkalisch machten.
Nun war es möglich, Seifen herzustellen, deren Hauptzweck die
Verwendung als Badeseife war.
Bei dem Alchemisten Abu Musa Dschabir ibn Hayyan (lat. Geber)
kommen in den ihm zugeschriebenen Schriften (8. - 9. Jh.) in der
gleichen Bedeutung der Name „alkali" vor, neben dem gleichfalls
dort zuerst gebrauchten Namen Soda (alkali: wahrscheinlich vom
arab. Qualjan = Pflanzenasche).

Die arabische Seife wurde sowohl farbig als auch duftig hergestellt. Teilweise wurde die flüssige und die Rasierseife produziert.
Der bedeutende persischer Arzt, Naturwissenschaftler und Alchemist Abu Bakr Muhammad ibn Zakariya ar-Razi schrieb im Jahr
981 n. Chr. ein Manuskript über unterschiedliche Seifenrezepturen.
Mit der islamistischen Eroberung der iberischen Halbinsel hielt im
16. Jh. die Seifenherstellung in der Region Kastilien in Spanien
ihren Einzug.

Aus den medizinischen Handschriften des 12. Jahrhunderts z. B.
in der Trotula, werden allerdings eine „französische" und eine „Judenseife" erwähnt, wobei über die Judenseife gesagt wird, dass sie
hautfreundlicher sei.

Vorausgesetzt, dass die Judenseife nicht ausschließlich der
Hautpflege diente, sondern auch zum Reinigen - wie Kernseife früher - eingesetzt wurde, ist davon auszugehen, dass es sich um eine
reine pflanzliche Seife handelte, weil sonst Probleme mit den jüdischen Lebensmittelvorschriften die Folge wären.

Die „Mode" der Sauberkeit brachten die Ritter nach Europa, die
während der Kreuzzügen in den arabischen Ländern gewesen waren. Deswegen fing seit dem 13. Jahrhundert die Blütezeit der Herstellung des Waschmittels zuerst in Frankreich und dann in England an.

Bis ins 13. Jh. wurde Seife in Europa eher aus Talg mit Pottasche
hergestellt. Die Olivenölseife kam nach Europa im 13/14. Jh. und
wurde damals auch noch vorwiegend über Apotheken verkauft.
Bei den Griechen und Römern galt Seife bereits mehr als Medika-

ment denn als „Säuberungsmittel". Duftessenzen waren auch im Mittelalter noch nicht so verbreitet wie bei uns heute.

Als die Seifenherstellung in England bekannt wurde, durfte nach einem Edikt des Königs Heinrich IV. der Seifensieder nicht unter einem Dach mit anderen Handwerken übernachten. Das Verfahren der Seifenherstellung wurde geheim gehalten. Erst nach der Entwicklung der industriellen Seifenherstellung war die Herstellung in großen Umfang möglich. Das erste Stück der Hartseife wurde in Italien im Jahr 1424 produziert.

Im Mittelalter begann man schließlich, Seife zum Waschen zu verwenden. Crescas Davin war im Jahr 1371 der erste urkundlich erwähnte Seifensieder in Marseille.

Eines der ältesten überlieferten europäischen Seifenrezepte findet sich im Codex Döbringer (MS 3227a) des Germanischen National Museum in Nürnberg. Es handelt sich um eine Sammelhandschrift aus dem Jahre 1389 und enthält zahlreiche Rezepte. Das Seifenrezept steht auf Fol. 121 v.

Im 14. Jh. war allerdings Seife, besonders die "kastilische" auf Olivenölbasis noch ein Luxusgut, d.h. Sie war vorwiegend wohlhabenden Gesellschaftsschichten vorbehalten. Auch sei anzumerken, dass Seife als Reinigung für den Körper erst langsam aufkam, d.h. in Europa (im Unterschied zum islamischen Raum, d.h. naher Osten) erst im 13./14. Jh. zunehmend "gesellschaftsfähig" wurde.

Außer in Frankreich wurde die Seifenherstellung in Italien, Griechenland, Zypern, Spanien entwickelt, in den Ländern, in den Olivenbäume wuchsen.

Seit dem 14. Jh. wurden die Seifensiedereien in Deutschland gegründet. Zentren der Seifenherstellung waren Hamburg, Stettin, Magdeburg und Berlin. Für das Kochen der Seife wurden die Rind-, Ziegen-, Schaff-, Schwein- und Pferdespeck, Knochen-, Blubber und Fischfette, Fettreste der unterschiedlichen Herstellungen verwendet. Es wurden auch Pflanzenöle wie Leinöl und Baumwollsamenöl zugegeben.

Dank einer Änderung der Technologie der Seifenherstellung, als von der Holzasche zu Soda gewechselt wurde, wurde die Seife auch für die armen Leute zugänglich. Es wurden öffentliche Bäder eingerichtet. Während der Zeit des „Schwarzen Todes", in der Periode der Beulenpestepidemie von 1347 bis 1351, als fast 25 Millionen Menschen (eine Drittel der Welteinwohner) an dieser Krankheit starben, wurden sie praktisch überall geschlossen.

Langsam wuchs die Seifenherstellung in der industriellen Branche. Die französische Seife hatte sehr hohe Qualität, weil hier die französische Seifensiederei nur die duftigen Öle aus der Provence verwandte. Das Vorhandensein der Rohstoffquellen begünstigte die Entwicklung der Seifenherstellung. Zum Beispiel hatte die Seifenindustrie in Marcel Olivenöl und Soda.

Das Olivenöl stellte man durch Kaltpressen der Oliven her. Das Öl wurde nach den ersten zwei Pressen in der Nahrung und nach dem dritten für die Seifenherstellung verwendet. Die Marseilleseife trat ihren Platz im internationalen Handel erst im 14. Jh. an die Venedig Seife ab.

Da die Fette statt der Asche mit Soda gekocht wurden, reduzierten sich die Herstellungskosten stark, und die Seifenherstellung wurde in Italien im 15. Jh. vom Handwerk zur industriellen Produktion umgewandelt.

In der zweiten Hälfte des 15. Jahrhunderts fand die Revolution im Bereich des Erscheinungsbildes der Männer statt: Der Seifenrasierschaum wurde erfunden, und der schmerzhafte Prozess des Rasierens wandelte sich in ein angenehmes und erfrischendes Erlebnis. In derselben Periode wurde für die Frauen die breite Palette der duftigen Seifensorten hergestellt. Unter den Adligen entwickelte sich die Mode sich zu waschen. Ihr Inventar erhöhte sich um eine – früher unerhörte – Sache wie Waschbecken. Es verbreitete sich die Erfahrung, dass es richtig sei sich die Hände vor dem Essen und nach der Toilette zu waschen. Im 15. Jh. entwickelte sich eine neue, lieb werdende Gewohnheit: Waschfrauen einzustellen und die Wäsche mit Seife zu waschen.

Die Nachfrage nach Seife hatte inzwischen derart zugenommen, dass man im 15. Jahrhundert begann, von der handwerklichen zur industriellen Fertigung überzugehen. Aus allen Regionen rund um das Mittelmeer wurden nun Spezialisten angeworben, die weitaus besser ausgebildet waren als die französischen Arbeiter. Während des 30jährigen Krieges wurde Seife aus Marseille nach ganz Frankreich geliefert, aber auch nach Amsterdam oder nach Hamburg. Marseille hat sich zur führenden mediterranen Seifenmetropole entwickelt, in den kommenden Jahren kamen Salon-de-Provence sowie Toulon dazu.

Während der Regentschaft Ludwig XIV., der den Luxus mochte, wurden durch seinen Wirtschafts- und Finanzminister Jean-Baptiste Colbert die besten Seifensieder für die Seifenherstellung aus dem Ausland zum Königshof nach Frankreich abgeworben. Colbert wollte die Seifenproduktion in Südfrankreich fördern, da die Provence seit jeher die Rohstoffe hatte, die zur Herstellung der Marseiller Seife nötig sind: an erster Stelle Olivenöl und ätherische Pflanzenöle, daneben Soda und Kaliumcarbonat. Um die Seife zu einem nachhaltigen Wirtschaftsgut zu machen, legte er genaue Qualitätsmerkmale fest. Im Jahr 1688 wurde das sogenannte Edikt von Colbert erllassen, dass die Herstellung der Marseiller Seife durch gesetzliche Regeln festschrieb. Um den Bestimmungen des Edikts aus dem Jahr 1688 zu entsprechen, sollte jeder Seifenhersteller bei der Produktion neben dem Kochprozess in großen Heizkesseln ausschließlich verwenden:

- Pures Olivenöl.

- Keine tierischen Fette.

- Keine Farbstoffe oder Parabene.

Damit ist die Seife umweltschonend und biologisch abbaubar. Und heute ist auch noch besonders hervorzuheben, dass das Produkt nicht an Tieren getestet wird und die Verpackung recycelbar ist.

Zusätzlich wurde festgesetzt, dass in der Zeit von Juni bis August nicht gearbeitet werden durfte. Bei Zuwiderhandlungen drohte eine Ausweisung aus der Provence. Mit Hilfe dieser Regelungen erwarb sich die Seife von Marseille ihr Renommee, das es nicht mehr hergeben sollte. Die Folge war der expandierende Seifenexport nach Nordeuropa, Großbritannien oder ins Türkische Reich. Noch heute gilt dieses Edikt als Garantie für die zufriedene Kundschaft. Kostbare Öle, wohlriechende Essenzen, Heilkräuter und Gewürze aus der Natur gaben der Seife zunehmend auch kosmetischen Charakter. Nicht nur zur Hautreinigung, auch im Sinne der Schönheitspflege wurde Seife aus pflanzlichen und tierischen Ölen, Parfums und Naturprodukten hergestellt.

Der erste Schritt bei der Seifenherstellung ist das Vermischen des Oliven- oder Palmöls unter Zugabe von Soda, Kaliumcarbonat und Meersalz. Hieraus entsteht in großen Kesseln die Seifenrohmasse. Danach muss das Natron durch die Wasserspülung herausgelöst werden. Erst danach wird die Masse bei 100 bis 120 Grad gekocht. Man muss die Masse umrühren und letztlich abschmecken. Sie sollte einen süßlichen Geschmack aufweisen, anderenfalls wird sie erneut gewaschen. Unabhängig davon sind zur Beseitigung eventueller Rückstände mehrere Waschvorgänge nötig, bevor das Seifengemisch zwei Tage ruhen darf.

Nach der Ruhephase ist die Masse auf 70 bis 50 Grad abgekühlt und kann über hölzerne Kanäle in große Becken geleitet werden. Sie muss nun weiterhin abkühlen und vor allem an der Luft trocknen.

Danach wird die Seife in 35 kg schwere Barren geteilt und später in die handelsüblichen Stücke. Es folgt eine weitere Phase des Trocknens von 14 Tagen, wobei die Seifen auf Gitterrosten lagern.

Industrielle Epoche

Mit dem Aufschwung der Baumwolle verarbeitenden Textilindustrie im 18. Jahrhundert und der damit verbundenen Sklavenarbeit in den Südstaaten der USA stieg die Nachfrage nach Seife. Meist dienten diese so genannten Universalseifen zum Wäschewaschen und zur Körperpflege gleichermaßen. Waschen wurde deshalb modern, weil die neue Leibwäsche aus Baumwolle im auch mit Seife gewaschen werden konnte. Die Nachfrage stieg so sehr an, dass die Seifensiedereien in Nord- und Mitteleuropa erhebliche Schwierigkeiten hatten, die Rohstoffe Talg und Holzasche in den notwendigen Mengen zu beschaffen. Bald reichten die Schlachtabfälle und der Einsatz heimischer Ölpflanzen nicht mehr aus. Die Ausweitung des Walfanges und die Machtübernahme der europäischen Eroberer in tropischen Ländern und die Einführung der Plantagenwirtschaft sicherten nun den ungeheuren Fettbedarf. Der Franzose Chevreul füllte die Begriffe Sterinsäure für eine Fettsäure talgiger Konsistenz und Oleinsäure für eine ölige Fettsäure ein. Zudem wurden neue Verfahren zur preisgünstigen künstlichen Herstellung von Soda entwickelt (Leblanc- und Solvay-Verfahren). Berthollet entdeckte das Element Chlor und beschrieb dessen bleichende und desinfizierende Wirkung. Kesselverseifungsverfahren und moderne Kühlung und Trocknung verkürzten die Herstellungszeiten und steigerten so den Gewinn.

Die bereits im 17. Jahrhundert in Manufakturen und nicht mehr in kleinen Handwerksbetrieben gefertigte Seife war nicht nur für den französischen Markt, sondern vor allem für den Export nach Holland, Deutschland, England und in weitere Länder bestimmt und brachte dem französischen Staat die erhofften Einnahmen. Die Seife diente nicht ausschließlich der Körperpflege, sondern auch zum Wäschewaschen und Reinigen des Haushalts. Im 18. Jahrhundert wuchs die Anzahl der Seifensieder in der Region um Marseille, und der Trend setzte sich im 19. Jahrhundert fort. Neben dem Olivenöl wurden inzwischen auch andere Öle aus Übersee verwandt, wie das Kokospalmenöl und die Karitébutter des Karitébaums (oder Sheanussbaum) aus der Elfenbeinküste.

Zu Beginn des 18. Jahrhunderts zählte man in Marseille 30 Seifenfabriken. Durch die industrielle und koloniale Entwicklung in der zweiten Hälfte des 18. Jahrhunderts konnte die Produktion verdoppelt werden. Der Name Marseille ist durch verstärkt auftretende Berichte von nun an fest mit der Seifenproduktion verknüpft.

Das 19. Jahrhundert ist zum einen durch Fortschritte in der Hygiene, aber auch in der Technologie (Dampf, Elektrizität, Mechanisierung), Chemie und durch die Erfindung der Eisenbahn gekennzeichnet. Das 19. Jahrhundert ist ohne Zweifel das „goldene Zeitalter" der Seife von Marseille. Die Seife besteht aus 72% reinem Öl. Das berühmte Label "Extra pur 72% d'huile" taucht auf. Die südfranzösischen Städte Marseille und Salon-de-Provence florieren dank der Olivenöl- und Seifenindustrie.

Trotz weiterer Fortschritte und den Anfängen der Werbung zu Beginn des 20. Jahrhunderts nahm die ausländische Konkurrenz stark zu und leitete nach und nach den Niedergang der Seife von Marseille ein. Die 40er Jahre des letzten Jahrhunderts markieren einen Tiefpunkt der Seifenherstellung in der Region. Dies hat mehrere Gründe, da die Seifenindustrie immer mehr auf synthetische Inhaltsstoffe und Rohölderivate zurückgriff, sei es nun für Wasch- und Reinigungsmittel oder Erzeugnisse zur Wäsche- oder Körperpflege. Einerseits ist die Verbreitung von synthetischen Putz- und Reinigungsmitteln nicht mehr zu stoppen, andererseits macht die Erfindung und Verbreitung der Waschmaschine herkömmliche Waschprodukte wie die Seife überflüssig. Hinzu kommen der Ausbau moderner Einkaufszentren, die Ansiedlung neuer Seifenfabriken außerhalb der Provence und der Verfall des französischen Kolonialreiches.

Erst in den 70er und 80er Jahren des letzten Jahrhunderts erfuhr der Absatz wieder einen Aufschwung, kam es zu einer Rückkehr zu natürlichen und ökologischen Werten.

Dafür sorgen heute die Konsumenten; sie entdecken die Seife aus Marseille wieder, die dank ihrer biologischen Abbaubarkeit eine echte Alternative ist zu den herkömmlichen Wasch- und Putzmitteln der chemischen und Erdöl verarbeitenden Industrie.

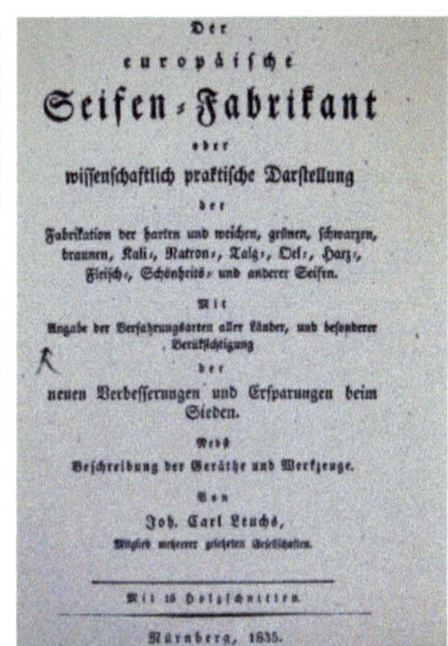

Der
europäische
Seifen-Fabrikant
oder
wissenschaftlich praktische Darstellung
der
Fabrikation der harten und weichen, grünen, schwarzen,
braunen, Kali-, Natron-, Talg-, Oel-, Harz-,
Fleisch-, Schönheits- und anderer Seifen.
Mit
Angabe der Verfahrungsarten aller Länder, und besonderer
Berücksichtigung
der
neuen Verbesserungen und Ersparungen beim
Sieden.
Nebst
Beschreibung der Geräthe und Werkzeuge.
Von
Joh. Carl Leuchs,
Mitglied mehrerer gelehrten Gesellschaften.

Mit 16 Holzschnitten.

Nürnberg, 1835.

Jean Simeon Chardin: Die Wäscherin.
1735. Eremitage, St. Petersburg.

Europäische Seifenproduktion (Buch).

In Russland wurden die Geheimnisse der Seifenherstellung von den Byzantinern geerbt.

Russland hatte alle notwendigen Ressourcen, in erster Linie – Holz, weil in der Basis der Pottascheherstellung die Asche lag. Pottasche war das Hauptexportprodukt, was zur Wäldervernichtung führte. Solche Wäldervernichtung führte zur Erhöhung der Holzkosten und der Honig verschwand auch zusehends. Im Jahr 1659 wurde die „Pottascheproduktion" als profitables Geschäft an das Zarentum übergeben. Nach der Entwicklung des industriellen Verfahrens der Wasch- und kaustischen Sodaherstellung wurde die Seifenherstellung viel billiger. Zum Anfang der Regierung von Peter der Große begann die Suche nach einem günstigen Pottascheersatz. Dieses Problem wurde im Jahr 1791 von dem französischen Chemiker Nicolas Leblanc durch die Sodaherstellung aus dem technischen Kochsalz gelöst.

Die Fabrik A. Rallet & Co. in Moskau. Archiv der Fabrik „Svoboda", Moskau.

Im 18. Jahrhundert war in Russland die Stadt Schue mit seiner Seife weitbekannt. Ein Seifenstück ist Hauptelement des Stadtwappens. Die Seife von der Lodigin-Fabrik war sehr bekannt und praktisch genau so populär, wie die italienische Seife. Sie wurde auf Marzipan Butter Basis mit Parfüm und ohne hergestellt. Breit bekannt wurden die Parfümfabrik „A. Rallet & Co." in Moskau und „Henri Brockard" in Sankt Petersburg.

Die älteste Parfümfabrik in Russland ist die Firma „Svoboda", die im Jahr 1843 von dem Franzosen Alfonso Rallet gegründet wurde. Zur Gewinnung von duftigen Stoffen und für die Produktion des Parfüms wurde eine Plantage mit verschiedenen Pflanzen aufgebaut.

Seifenproduktion in der Fabrik A. Rallet & Co. in Moskau. Archiv der Fabrik „Svoboda".

Die Fabrik stellte Seifen, den Puder und die Pomade her. In den Produktionsgebäuden der Fabrik werden bis heute Seifen hergestellt. Im Jahr 1917 wurde die Seifenfabrik von "A. Rallet & Co." in „Svoboda" umbenannt und ist heute der Hauptseifenhersteller in Russland.

Beschriftung von oben nach unten: Parfümerie Erzeugnisse, Hoflieferanten für Parfüme, A. Rallet & Co. in Moskau, dem majestätischen staatlichen Herrscher.

Ernest Beaux und Chanel Nr. 5

Im Anfang des 20. Jhs. arbeitete in der Seifenfabrik von A. Rallet & Co. Ernest Beaux. Er wurde in Moskau in der Familie des französischen Parfümeurs Edouard Beaux geboren. In der A. Rallet & Co. Fabrik schloss er 1907 seine Ausbildung zum Senior-Parfümeur ab.

Parfümeur Ernest Beaux.
Archiv der Fabrik „Svoboda", Moskau.

Sein Parfüm „Zaren Heidekraut" hatte einen Riesenerfolg, und sein „Fee der Rosen" gilt als das Parfüm mit besserer Wiederholung der Rosenaromen. Nach der Oktoberrevolution 1917 flüchtete er nach Frankreich, wo er als Parfümeur in der A. Rallet & Co. Fabrik (wurde von der Grasser Firma Chiris gekauft) weiter arbeitete. Und so passierte, dass Coco Chanel Ernest Beaux mit der Entwicklung eines eigenen Parfüms betraute.

Aus einigen Varianten, die von Ernest Beaux vorgestellt wurden, wählte Coco, wie heute bekannt ist, die Komposition Nr. 5 aus. So wurde das legendärste Parfüm der Welt entwickelt – Chanel Nr. 5. Ernest Beaux war bei der Firma Coco Chanel vierzig Jahre lang - von 1920 bis 1960 - beschäftigt.

Zum Ende 18. Jahrhundert entstanden auch viele der noch heute bekannten Seifen- und Waschmittelfirmen, vor allem in Großbritannien. Im Jahr 1789 fing Herr Andrew Pears in London mit der Herstellung von hochqualitativer durchsichtiger Seife an. Im Jahr 1862 gründete sein Enkel die Seifenfabrik in Isleworth. Robert Spear Hudson begann 1837 eine erste Produktion von Waschmitteln; im Jahr 1885 kauften die Brüder William und James Lever einen kleinen Seifenbetrieb, der später der Grundstein des Internationalen Konzerns „Unilever" wurde. Diese Firma ist heute durch die Marke "Omo" weltweit bekannt und ist seit 1952 im Bereich der vollwertigen synthetischen Waschmittel ein Wettbewerber zum US-Unternehmen Procter & Gamble und dem deutschen Henkel-Konzern.

In den USA wurde die erste Seifenfabrik im Jahr 1888 in Chicago gegründet. Die Seifen wurden dort aus den tierischen Fetten hergestellt. Im Jahr 1948 stellte die gleiche Firma, sie wurde schon Dial Corporation genannt, das erste Deodorant und die erste antibakterielle Seife her.

Im Anfang des 20. Jahrhunderts kauften viele Menschen die Seife, die durch eine innere Luftblase schwimmen konnte.

Das wichtigste und gebräuchlichste Waschmittel an den öffentlichen sowie privaten Waschplätzen war die Seife. Zur beliebtesten

Seife zum Waschen wurden die würfelförmigen Hartseifen, die aus großen Seifenblöcken geschnitten wurden. Bei der Heimproduktion war die Seife nicht ganz so hart, so dass sie mit Drahtschlaufen geschnitten werden konnte.

Nach der französischen Revolution nahm die Heimproduktion stetig ab, und die Hartseifen wurden von den Manufakturen gekauft. Die Blöcke wurden als erstes auf die Höhe, die einem Seifenstück entspricht, gepresst und geschnitten. In einem weiteren Schritt wurden sie mit einer Drahtvorrichtung in entsprechende Stücke zerlegt, die dann nochmals durch Pressen entwässert wurden.

In den meisten Haushalten wurde im 18. und 19. Jahrhundert für den Eigenbedarf Schmierseife selbst hergestellt. Neben Kernseife blieb sie bis weit in das 20. Jahrhundert das wichtigste Wäschewaschmittel. Mit dem Entstehen der chemischen Industrie trat ein Wandel beim Waschen und bei den dafür verwendeten Mitteln ein. 1907 kam von Henkel das Waschmittel Persil auf den Markt.

Nach dem Zweiten Weltkrieg setzte eine stürmische Entwicklung von Waschmitteln in Deutschland ein. Seit dieser Zeit wird auch Seife kaum noch zum Wäschewaschen verwendet.

Seife findet heute im Wesentlichen nur noch Verwendung bei der Körperhygiene und als Zusatzstoff für verschiedene Wasch- und Reinigungsprodukte. Der Name Seife für Körperreinigungsmittel wird eigentlich nur noch aus historischen Gründen verwendet. Er sagt nichts mehr über die Zusammensetzung des Produktes aus. Selbst die im Haushalt verwendeten Artikel mit der Bezeichnung Seife enthalten nur noch geringe Anteile an Seife. Heute wird Seife - in der Regel - aus möglichst billigen tierischen oder pflanzlichen Fetten hergestellt. Rohstoffe für den Fettanteil sind häufig Rindertalg und Schweine- oder Knochenfett - d. h. Schlachtabfälle. An pflanzlichen Fetten werden Kokosfett und andere meist minderwertige Ölsorten eingesetzt.

Enzyme unterstützen die Waschwirkung der Tenside. Enzyme sind Eiweiße, die als Biokatalysatoren die Umwandlung bestimmter chemischer Stoffe ermöglichen. Enzyme teilt man nach ihrer Wirkung auf bestimmte Stoffe wie Proteasen, Amylasen, Lipasen, Cellulosen ein. Wie alle Eiweiße sind Enzyme temperaturempfindlich und in ihrer Wirkung vom pH-Wert einer Lösung abhängig. Ihre Wirkung beim Waschen ist im Temperaturbereich von 40°C bis 60°C optimal. Jedes Enzym kann nur eine bestimmte chemische Bindung in einem Molekül spalten. Inhibitoren hemmen störende Reaktionen beim Waschen. Damit diese Seifen den ästhetischen Ansprüchen der Kunden beim Geruch nicht zuwiderlaufen, werden künstliche Aromen und Duftstoffe zugesetzt, die wiederum auf dem preisgünstigten Weg von der Chemieindustrie erzeugt werden. Die anderen Hilfsstoffe wie Farbstoffe, Schichtsilicate, Füllstoff verbessern ein Waschmittel. Da die Kunden in den vergangenen Jahrzehnten bemerkten, dass diese Seifen der Haut nicht immer zuträglich sind, wurden von der Industrie Alternativen entwickelt. Diese pH-neutralen Wasch-Syndets, Duschgels oder Geschirrspülmittel sind zumeist vollständige Laborprodukte. In Waschmitteln soll Seife heute nicht mehr reinigen, sondern das Schäumen verhindern.

Heute gibt es in der Welt zahlreiche Mengen der verschiedenen Seifensorten, die sich nach Farbe, Geruch, Größe usw. unterscheiden. Es gibt die Seife mit verschiedenen Zusatzstoffen, zum Beispiel mit Kräuterextrakten. Die heutigen Technologien erlauben, Seifen, die bis zu 99% von bekannten Bakterien töten, herzustellen.

Vor einiger Zeit wurde in den USA eine Seife mit Koffein entwickelt. Diese Seife heißt „Shower Shock" und sollte den Menschen helfen, früh morgens schnell aufzuwachen. Bei einer Morgendusche sollen die Menschen den gleichen Effekt wie von zwei Tassen Kaffee haben. Leider riecht die Seife nicht nach Kaffeebohnen, sondern nach Pfefferminz und Zitrone und ist ein nicht billiges Produkt. Ein 125-Gramm-Stückchen von „Shower Shock" kostet in den USA rund sieben Dollar. Ein bisschen früher wurde eine "Seife für Faulenzer" entwickelt. Die Seife hatte innen einen Vibromechanismus. Es reichte die Seife in die Hände zu nehmen und zum Wasserstrahl bringen - alles andere machte sie von selbst.

Nano! Die große Geschichte der kleinen Teilchen

„Keine Erfindung ist wohl dem Menschen leichter geworden, als die eines Himmels".

Georg Christoph Lichtenberg (1742 – 1799), deutscher Physiker

Nach eigenen Angaben der amerikanischen Raumfahrtbehörde NASA untersucht sie derzeit die Fertigung von alter griechischer Keramik, welche mit Hilfe von Nanotechnologie hergestellt wurde. Diese Technologie, die in Griechenland vor tausend Jahren entwickelt wurde, will die NASA für verschiedene Anwendungen in der Raumfahrt verwenden.

Schlagen wir die Bezeichnung „nano" in Wikipedia nach: „Nano" (von griechisch „nannos"/lateinisch „nanus" „Zwerg") bezeichnet als Teil einer Maßeinheit den milliardsten (10^{-9}) Teil.

Der Begriff der Nanotechnologie selbst wurde erstmals von dem Professor an der Tokyo University of Science Norio Taniguchi im Jahr 1974 verwendet. Er verstand unter Nanotechnologie die Veränderung von Materialeigenschaften auf atomarem Niveau.

Aber schon im Jahr 1959 hielt der Physiker und Nobelpreis-träger Richard P. Feynman am California Institute of Technology (Caltech) seine berühmte Rede „There's Plenty of Room at the Bottom", (deutsch: „Es gibt viel Spielraum nach unten"), die oft als der Grundstein für die Entwicklung der Nanotechnologie betrachtet wird. Feynman sprach davon, dass es im Prinzip möglich wäre, Materie Atom für Atom aufzubauen. So entstehe eine Möglichkeit, die neuen Materialien nicht durch die Änderungen der chemischen Zusammensetzung der Komponenten zu bilden, sondern durch die Änderungen der Größe und der Form der Partikel.

Benjamin Franklin als Vater der Nanotechnologie

Es ist schwierig zu sagen, wann und wem als Erstem ein Gedanke durch den Kopf gegangen ist, um Öl zur Dämpfung von Meereswellen zu verwenden. Es ist nur klar, dass er ein Kopfmensch war und Humor hatte. Seitdem wird diese Geschichte, manchmal mit viel Phantasie und vielen Details, hinter der Türschwelle der Hafenpubs erzählt und findet sich zudem auf den Seiten von abenteuerreichen Romanen und Fachbüchern.

Erinnern wir uns an den französischen Schriftsteller Jules-Gabriel Verne und seinen Roman „Ein Kapitän von 15 Jahren":

„... Schwere Stürme erschwerten die Fahrt. An der Wasserfarbe erkannte Dick, dass zwischen den Riffen eine Furt war. In dieser engen Straße wütete das Meer noch gewaltiger. Die Wellen überfluteten das Oberdeck. Matrosen standen am Bug neben Fässern mit Blubber und warteten auf einen Befehl. „Gießt den Blubber!" rief Dick. „Schnell!"

Unterwegs gerät die Schonerbrigg Pilgrim in einen Sturm.
S. Yukin, 1981.

Unter dem Fettfilm war das Meer wie durch Zauberei beruhigt, aber nach einer Minute brauste es mit doppelter Wucht heran. Diese Unterbrechung reichte aus, um die „Pilgrim" zwischen den liegenden Riffen durchlaufen und im Flachwasser stranden zu lassen..."

Benjamin Franklin ist ohne Zweifel der bekannteste Amerikaner, da man sein Porträt auf der 100-Dollar-Banknote der USA findet, selbst unter den Menschen, die den Dollar verachten und seinen Zusammenbruch prophezeien.

Heute gilt Benjamin Franklin vor allem als Gründervater der Vereinigten Staaten, doch er war zudem ein hervorragender Wissenschaftler und ein Pionier auf verschiedenen Gebieten der Wissenschaft und Forschung. Er wurde „der erste Amerikaner" genannt, weil er die Geburt der neuen amerikanischen Nation verkörperte und sein Leben ein glänzendes Beispiel für viele Generationen von Amerikanern war, da er den „Amerikanischen Traum" und ein Konzept von Amerika als Land der unbegrenzten Möglichkeiten erfand.

Auf der 100-Dollar-Banknote ist Benjamin Franklin zu sehen, einer der Gründerväter der USA und Nanowissenschaftler.

Sein Ruhm gründet sich auch auf die wissenschaftlichen Untersuchungen zum Wesen der Nanotechnologie, obwohl der Titel eines Vaters der Nanotechnologie nicht sehr viel zu seinem Ruhm beitrug. Im Jahre 1757 reiste Franklin als Botschafter der nordamerikanischen Kolonien nach England. Als er während windigen Wetters auf dem Oberdeck des Schiffes stand, machte Franklin eine ungewöhnliche Beobachtung. Alle Schiffe schaukelten gemächlich auf den Wellen hin und her, nur zwei Schiffe standen regungslos im Wasser, und um sie herum glänzte der Flachwasserspiegel. „Wie es das möglich?" fragte Franklin den Kapitän. „Möglicherweise schütten die Schiffsköche das Kochwasser mit dem Fett über Bord" antwortete der Kapitän.

Und sofort tauchten in Franklins Gedächtnis die während seiner Jugendzeit gelesenen Sätze aus der Naturgeschichte von Plinius dem Älteren auf. Schon altgriechische und römische Seemänner waren in der Lage die Meereswellen zu dämpfen, indem sie Öl auf die Wasseroberfläche gossen. Die meisten Menschen seiner Zeit hätten diesem Phänomen weiter keine Beachtung geschenkt, Franklin jedoch wollte auf Grund seiner Forschernatur eigene Untersuchungen zu diesem Thema beginnen.

Benjamin Franklin versuchte stets alle seinen wissenschaftlichen Untersuchungen bis hin zu praktischen Ergebnissen durchzuführen. Er wollte zum Beispiel ein sicheres Verfahren des Festmachens von Schiffen entwickeln, insbesondere die Landung von Schiffen unter erschwerten Bedingungen wie starkem Seegang. Unter Mithilfe des holländischen Kapitäns John Bentinck führte Franklin im Oktober 1773 in Portsmouth einen Versuch der Dämpfung der Seewellen mittels Ölfilm durch. Als Ergebnis zog Franklin den Schluss, dass mit Hilfe dieses Verfahrens eine sichere und komfortable Anlandung nicht möglich sei, da die Wellendämpfung vor allem bei tiefem Wasser möglich sei, im Flachwasser, bei Untiefen oder Sandbänken dagegen nur sehr eingeschränkt.

In einem Beitrag, der in der Zeitschrift „Philosophical Transactions" im Jahr 1774 veröffentlicht wurde, schrieb Franklin, dass er mit einem Teelöffel Öl in der Lage sei, Wellenbewegungen auf einem Teich auf einer Fläche von 200 Quadratmetern zu dämpfen. Die Dicke des Ölfilmes beträgt in diesem Fall ca. zehn Nanometer. Der Ölfilm auf dem Wasser war möglicherweise das erste Objekt der Nanogröße, welches von Wissenschaftlern untersucht wurde.

Franklin war damals noch nicht im Stande, die Größe der Ölmoleküle aus der Dicke des Ölfilms zu bestimmen. Jedoch nur hundert Jahre nach seinem Tod wurden seine Versuche von John William Strutt, 3. Baron Rayleigh (1842 – 1919) wiederholt. Er berechnete, dass der Durchmesser der Ölmoleküle etwa zwei Nanometer beträgt.

Nano-Strukturen des Damaszener Stahls

Ein weiteres weltbekanntes Beispiel der Verwendung von Nanotechnologie in Metallgegenständen sind die Schwerter aus Damaszener Stahl.

Bei der Rückeroberung des Heiligen Landes während der Kreuzzüge ab dem Ende des 11. Jahrhunderts machten die Kreuzritter immer wieder unliebsame Bekanntschaft mit Schwertern aus Damaszener Stahl. Dies war in vielen Fällen sehr schmerzhaft und oft genug sogar tödlich.

Die Damaszener Klingen aus marmoriertem Metall waren bruchfest und extrem scharf. Laut neuen Forschungen verdankte dieser Stahl seine Festigkeit Nano-Strukturen. Die arabischen Schmiede setzten bei ihrer Arbeit offenbar bereits Nanotechnologie ein. Wissenschaftler vom Institut für Strukturphysik an der Technischen Universität Dresden untersuchten ein Damaszener Schwert des persischen Schmiedes Assad Ullah aus dem 17. Jahrhundert und konnten erstmals Kohlenstoff-Nanoröhren nachweisen.

Bei der Schmiedetechnik der Araber aus dieser Zeit handelte es sich um eine komplizierte thermomechanische Behandlung des Stahls, bei der das Schmiedegut immer wieder auf bestimmte Temperaturen gebracht, geschmiedet und wieder abgekühlt wurde. Wird der Stahl bei Bearbeitung erhitzt, entstehen so genannte Zementitpartikel – eine chemische Verbindung von Eisen und Kohlenstoff. Nach dem Erhitzen wird der Stahl wieder geschmiedet. Während dieser thermochemischen Behandlung entstehen vermutlich auch die Kohlenstoff-Nanoröhren.

Die Forscher vermuten, dass diese Kohlenstoff-Nanostrukturen durch den Zusatz von Holz und Blättern sowie durch die Verwendung bestimmter Eisenerze aus Indien, die als Katalysatoren gewirkt haben, entstanden sein könnten.

Mittelalterliche Buchmalerei mit Kampfszenen zwischen Christen und „Heiden". © ÖNB / Wien

Die Atome bilden eine wabenartige Struktur aus Sechsecken. Aufgerollt ergibt sich daraus die Hülle der Röhren, die einen Durchmesser zwischen einem und 20 Nanometern und bis zu 50 Nanometer Länge haben. Die Röhren sind teilweise mit Zementit gefüllt und bilden Zementit-Nanodrähte. Eventuell sind sie für die Festigkeit der gefürchteten Schwerter aus Damaszener Stahl verantwortlich und geben dem Metall seine typische Färbung. Mit diesen Erkenntnissen könnten nicht nur die besonderen Eigenschaften der legendären Klingen besser verstanden, sondern auch Schlussfolgerungen für die Entwicklung neuer Stähle gezogen werden.

Im 17. Jahrhundert waren die indischen Klingen aus ungewöhnlich fein gemustertem Damaststahl weltberühmt. Diese Erzvorkommen waren im 18. Jahrhundert erschöpft, das genaue Herstellungsverfahren hierfür ist seitdem leider in Vergessenheit geraten.

Forscher von der University of Cambridge Kendo Society (Japan) stellten im Jahr 2005 fest, dass Schwerter mit scharfen Klingen ihren Ursprung wohl in Asien haben.

Japanische Schwertschmiede kombinierten vor einem Jahrtausend Techniken, die um das aus einem weichen Stahl bestehende Zentrum der Waffe einen Mantel sowie eine Spitze aus hartem Stahl legten. Sie besaßen die wohl am höchsten entwickelte Schmiedetechnik überhaupt seit dem Mittelalter. Das Roheisen wurde zusammen mit kohlenstoffhaltigem Material – Strohasche und Holzkohlenstückchen – auf einer kleinen rechteckigen Pfanne im Feuer rotglühend erhitzt und mit dem Hammer zu einer Platte zusammengeschweißt. Wenn dieser Vorgang mehrfach wiederholt wird, bekommt die Oberfläche der Klinge eine Struktur (Hada). Die alten japanischen Klingen mit historischen Bezeichnungen wie Katana, Wakizashi und Tanto erreichen eine unübertroffene Schärfe. Völlig problemlos lässt sich damit ein schwebendes Seidentuch im Flug zerteilen.

Herkunft der Goldfäden

Wissenschaftler des Instituts for the Study of Nanostructured Materials (Bologna, Italien) berichteten über erste Erfolge bei der Untersuchung der alten Technologie der Vergoldung. Diese Technologie ist schon mehr als 2000 Jahre alt und ging im Mittelalter verloren.

In Antike und Mittelalter verwendeten Meister dieser Kunst ihre Kenntnisse, um Gegenstände aus billigen Legierungen wie Statuetten vor Umwelteinflüssen zu schützen oder zur Fälschung von Münzen. Besonders schwierig war eine Vergoldung von komplizierten Konturen, wie die Oberflächen von Altaren in Kirchen. Als ein Beispiel dient die Oberfläche des Altars von Meister Volvinius in der Basilica Sant' Ambrogio in Mailand aus dem 9. Jahrhundert. Man erkennt deutlich, dass einzelne Elemente des Altars vergoldet und andere versilbert sind.

Fragmente des Altars der Basilika Sant'Ambrogio (825), *Mailand.*

Um zu verstehen, wie diese Beschichtung aufgetragen wurde, verwenden die Forscher Röntgen Photoelektronen- und energiedispersive Spektroskopie zusammen mit Elektronenmikroskopie. Es wurde festgestellt, dass der Meister ein Amalgam verwendete. Aber im Gegensatz zur Feuervergoldung, bei dem das Amalgam auf die Oberfläche aufgetragen und danach abgeraucht wurde, wurde hier ein anderes, bisher unbekanntes Verfahren eingesetzt.

Die erste schriftliche Erwähnung von metallischen Fäden findet man im Alten Testament. Im „Exodus" wird über die Verwendung von Gold bei der Herstellung von Kleidung berichtet, wobei gehämmerte Goldfolien in feine Streifen geschnitten und beim Weben eingefügt wurden. Diese Goldstreifen wurden allein verwendet oder um eine Fadenseele aus Seide oder Leinen gewickelt. Sie bestanden nicht nur aus reinem Gold, auch Gold-Silber-, Gold-Silber-Kupfer-Legierungen und reines Silber kamen zum Einsatz. Die Zusammensetzung der Metallstreifen wurde mit der Zeit verändert. Metallfäden wurden durch Umwickeln eines sehr feinen Metallstreifens aus Goldfolie mit einer Dicke von 500 Nanometern bis 1,5 Mikrometern um einen Faserkern aus Wolle oder Seide hergestellt und seit der Antike als Dekoration in Kleidung und Textilien von Königen und Hochadel verwendet. Material und Art der Wickelung liefern wichtige Hinweise auf die Herkunft der Goldfäden.

Heute findet man weitaus häufiger schriftliche Zeugnisse der Verwendung von Metallen in Textilien als erhalten gebliebene antike Stücke. Über die Verwendung von Goldfäden bei der Gewebeherstellung im Alten Rom berichtet Publius Cornelius Tacitus. Apuleius beschreibt in seinem Roman „Metamorphosen" einen Mantel „mit geflimmerten Sternen".

Der analytische Bereich umfasst die Untersuchung und Dokumentation historischer Fasern und Rohstoffe, wie z.B. textile Reste aus römischen Sarkophagen. Da die Untersuchung der Technik und der Materialzusammensetzung der stark abgebauten Fasern mit bloßem Auge nicht mehr möglich ist, erfolgt diese unter dem Rasterelektronenmikroskop bei 200 - 5000-facher Vergrößerung sowie durch Analyse der Elemente.

Die in Europa verwendeten Metallfäden kamen aus dem Orient, die damit zunächst bestickte, später gewebte Stoffe zu begehrten

Kostbarkeiten werden ließen. Seit dem 12./13. Jahrhundert gelangte Baumwolle durch die islamischen Völker über Spanien und Venedig nach ganz Europa, gewann jedoch erst in der Neuzeit größere Bedeutung.

Europäische Zeugdrucke sind seit dem letzten Viertel des 14. Jahrhunderts nachweisbar, überwiegend auf Leinen, seltener auf Wolle, mit Pflanzenfarben sowie in Gold und Silber ausgeführt. Häufig wurde damit die Wirkung hochwertiger Seidengewebe mit einfachen Mitteln nachgeahmt. In Seiden-, Metall-, Leinen- und Wollfäden ausgeführte Stickereien haben v.a. in Kirchenschätzen überdauert, wie überhaupt das gesamte Mittelalter hindurch kirchliche Arbeiten die wichtigsten Zeugnisse der Textilkunst blieben.

Vom späten 15. Jahrhundert an wurden in Europa Teppiche, Thronbehänge sowie auch Bett- und Tischdecken aus Mischgewebe hergestellt. Kostbarste, mit Gold durchwirkte Gewebe gehören zu den repräsentativen Luxusgegenständen, die als Zeichen des Reichtums den Verstorbenen in den Sarg gelegt wurden. Ihre Kettfäden sind aus Leinen, die Schussfäden aus Wolle, bisweilen sind sie für besondere Akzente broschiert mit vergoldeten und versilberten Metallfäden.

Auf Fasern und Textilien gibt es bekannte Metallisierungsverfahren wie das im Mittelalter benutzte Umwickeln mit Metallfolie, elektrochemische Beschichtung, Metallbedampfen sowie das Niederdruckplasma-Verfahren. Die elektrochemische Beschichtung wird auf Polyamid-Fasern angewendet und erzeugt Schichtdicken von knapp einem Mikrometer. Das Bedampfen geschieht in der Regel mit Aluminium (Lurex) und hat ähnliche oder größere Schichtdicken. Mit dieser plasmatechnischen Metallisierung können weitere Oberflächeneigenschaften auf Fasern und Textilien erreicht werden, wie zum Beispiel elektrische Leitfähigkeit, Antistatik, elektromagnetische Schirmdämpfung, Sensorik, Reflexion von Wärmestrahlung oder Schutz vor Bakterien und Viren.

Bei einigen Metallen wie Silber ist auch eine hohe Reflexion im infraroten Spektrum möglich, was die thermische Isolation von

Textilien unterstützen kann. Wenn die Metallschicht auf einer Faser aus Silber besteht, dann können in der Anwesenheit von Sauerstoff und Wasser einzelne Silberatome in Form von Ionen herausgelöst werden. Diese Ionen haben einen seit langem bekannten antibakteriellen Effekt.

Glasmalerei und farbige Gläser

Mehrfarbige Gläser sind schon seit alten Zeiten sehr beliebt. Die Frauen trugen sie als Schmuck in Ketten und Ohrringen, die Männer erfanden mittels Herstellung farbiger Gläser, die bis heute in vielen europäischen Kirchen und Klöstern die Fenster schmücken, das Kunsthandwerk der Glasmalerei.

Die farbigen Gläser stehen in enger Beziehung zur Nanotechnologie, da die Glasfarbe durch die Zugaben kleinster Mengen von metallischen Nanopartikeln erzeugt wird. Glasbläser in der Antike und im Mittelalter verwendeten Nanotechnologie unbewusst, als sie dem geschmolzenen Glas Goldchlorid hinzufügten. In Abhängigkeit von den Partikelgrößen veränderte es die Glasfarbe von Hellrosa bis Purpur. Durch Zugabe von Nickel wird eine violette Färbung ermöglicht, durch Kobalt eine blaue, durch Selen eine rosafarbene und durch Chrom eine gelb-grüne Farbe des Glases.

Schon die alten Römer verwendeten unwissentlich Nanometallpartikel in der Glaskunst und nutzten deren optische Eigenschaften, um bemerkenswerte Farbeffekte zu erzielen. Ein im Britischen Museum in London ausgestelltes Stück der römischen Glaskunst - der vor ca. 1600 Jahren hergestellte Becher des Lykurgus - ist ein faszinierendes Beispiel dieser Farbeffekte. In Abhängigkeit von Licht und Sichtrichtung ändert sich die Farbe des Bechers. Von außen erscheint der Becher grün. Wenn er aber von innen beleuchtet wird, erscheint der Becher rubinrot – mit Ausnahme des abgebildeten Königs Lykurgus, der lila erscheint.

Eine Untersuchung des Glases unter dem Mikroskop zeigte, dass die Ursache für diese Zweifarbigkeit (Dichroismus) die Anwesenheit von im Glas befindlichen Nanopartikeln aus Kupfer, Silber und Gold bis zu einer Größe von 50 Nanometern ist.

Christus als Schmerzensmann mit Stifterpaar aus Arnstein-Lahn. *Um 1510 - 1520. Farbiges Glas, Schwarzlot bemalung, Blei. Kunstmuseum, Münster.*

Kalvarienberg. *2. Viertel des 13. Jhs. Museum Notre Dame, Straßburg.*

Nanopartikel werden bereits seit dem späten Mittelalter von Alchemisten und Chemikern verwendet, um bunte Glasfenster herzustellen. Dazu fügte der Glasmacher der Schmelze winzige Mengen von Gold, Silber oder Kupfer hinzu, sodass Nanopartikel zwischen 5 und 30 Nanometern Größe entstanden. Bereits seit dem Mittelalter gibt es Anwendungen der Nanotechnologie in manchen mittelalterlichen Kirchenfenstern. Ihre rubinrote Farbe verdanken sie nanometergroßen Goldpartikeln.

Im 17. Jahrhundert wurde die verlorengegangene Rezeptur der Herstellung von Glasmalerei von dem Hamburger Glasbläser Andreas Cassius wiederentdeckt. "Cassius Purpur" wurde durch Reduktion der Goldverbindungen mit Zinnchlorid in der geschmolzenen Glasmasse hergestellt. Betrachtet man die Nanopartikel, so bestehen diese jeweils aus wenigen tausend oder sogar nur aus vereinzelten Atomen.

Mit Nanotechnik entspiegelte Glasscheiben werden zum Beispiel bei den Zuganzeigern an Bahnhöfen eingesetzt.

Nanoteilchen helfen der Medizin

Schon lange bevor die klassische Medizin die Antibiotika erfand, bot die Natur für den Menschen kolloidales Silber als das beste und wirkungsvollste Mittel gegen Viren, schädliche Bakterien und Pilze.

Von der Heilwirkung des Silbers wusste man schon in der Antike. Vermutlich wurde Silber zuerst im alten Ägypten zu medizinischen Zwecken eingesetzt. Auch die Griechen, Römer, Perser, Inder und Chinesen hatten dafür Verwendung in ihrer Medizin. Schon im 6. Jahrhundert v. Chr. bereitete der persische König Kyros der Große einen Feldzug vor, indem er Silberflaschen mit Wasser mitnahm. Die Äbtissin und Naturheillehrerin Hildegard von Bingen (1098 - 1179) verwendete Silber als Heilmittel zur Schleimlösung und gegen Husten. Im Mittelalter setzte Paracelsus (1493 - 1541) verarbeitetes Silberamalgam in Bädern ein, zur Ausleitung von Quecksilber aus dem Körper. Konrad von Megenberg, ein Regensburger Domherr und Universalgelehrter aus dem 14. Jahrhundert, erwähnte in seinem „Buch der Natur", dass Silber – verarbeitet zu Pulver, vermischt mit edlen Salben – „wider die zähen Faulen" im Leib helfe. Er empfahl es bei Krätze, blutenden Hämorrhoiden und Stoffwechselschwäche.

Die Adeligen bewahrten ihre Vorräte wie Wasser und Nahrung in Silbertruhen und Silberbehältern auf und speisten ausschließlich mit Silberbesteck von silbernen Tellern. Es wurde auch geschabtes Silber mit verschiedenen Pflanzen vermischt, um Tollwut, Wassersucht, Nasenbluten und viele andere Krankheiten zu heilen. So schützten sich die reichen Häuser vor Epidemien, die sich in alten Zeiten von Stadt zu Stadt und über ganze Reiche ausbreiteten.

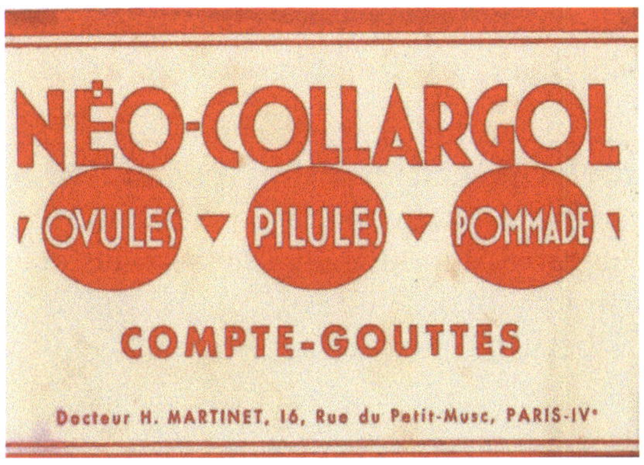

Arzneimittel Collargol mit Silbernanopartikeln.

Viele Leser hörten sicher schon von rituellen Bädern, die z.B. in Indien bis heute durchgeführt werden. Der Ganges ist der heilige Fluss der Hindus und in den Tagen der religiösen Feste baden Hunderttausende von Pilgern, die aus dem ganzen Land kommen im Fluss, um sich von ihren Sünden zu reinigen. Auch viele kranke Menschen kommen zum Ganges, deren Leichname oder Asche nach einer Feuerbestattung im Fluss bestattet werden. Man sollte annehmen, dass durch solche enormen Verschmutzungen viele Menschen nach dem Bad im Fluss an verschiedenen Krankheiten leiden, aber es kommt durch die Bäder tatsächlich zu keinen Epidemien am Ganges.

Sanargo - Kolloidales Silber.

Einige Wissenschaftler vertreten die Meinung, dass der Ganges, der durch den Himalaya fließt, dort sein Wasser mit Silber in Nanopartikeln anreichert, und durch die damit verbundene antibakterielle Wirkung des Wassers Infektionen verhindert werden.

Am Ende des 19. Jahrhunderts machte der deutsche Chirurg Benno Credé detaillierte Untersuchungen zu positiven Einflüssen von Arzneimitteln mit Silbernanopartikeln und führte das Nanosilber zur medizinischen Infektionsbekämpfung ein. Danach wurden solche Arzneimittel wie Protargol (Sol des Silberoxids) und Collargol (Lösung mit kolloidem Silber), die effektive bakterizide Eigenschaften hatten, entwickelt.

Zu Beginn des 20. Jahrhunderts wurde Silber intensiv von zahlreichen Wissenschaftlern untersucht und als erprobtes keimtötendes Mittel anerkannt. Silber hat in allen Formen (Ionen, Atome, Partikel) direkt oder indirekt eine keimtötende Wirkung. Die winzigen Silbermoleküle dringen durch ihre geringe Größe in alle einzelligen Parasiten wie Bakterien, Viren und Pilze und deren Sporen ein und ersticken diese, indem sie dort ein für die Sauerstoffgewinnung zuständiges Enzym blockieren. Der Stoffwechsel der Parasiten kommt so zum Erliegen, und sie sterben ab. Es ist kein Bakterium bekannt, welches nicht von kolloidalem Silber abgetötet wird – selbst pathogene Mikroorganismen, die bereits gegen Antibiotika immun sind, sterben ab. Auch Würmer werden angegriffen. Diese abgetöteten Parasiten werden dann vom Körper abtransportiert und ausgeschieden. Erfahrungsgemäß werden intakte Hautzellen und gesundheitsfördernde Bakterien bei der Behandlung mit kolloidalem Silber nicht geschädigt – die Enzyme von nutzbringenden Zellen bleiben intakt und werden nicht angegriffen.

Allerdings ist auch heute noch nicht die Wirkungsweise vollständig geklärt. Kolloidales Silber tötet Viren wahrscheinlich über die Bildung von DNS- und/oder RNA-Silberkomplexen oder Zerstörung der Nukleinsäuren und Pilze einschließlich deren Sporen ab und greift Würmer an, vermutlich über eine Hemmung der Phosphataufnahme und Veränderung der Durchlässigkeit der Zellmembran. Es hemmt das Enzym Phosphomannoseisomerase bei

Hefepilzen; es wirkt adstringierend auf die Wundoberfläche bei offenen Wunden und beschleunigt das Abheilen erheblich. Die Haut bleibt elastisch und reißt an mechanisch belasteten Stellen spürbar weniger ein; es reagiert im Körper wie ein freies Radikal und bindet überschüssige Elektronen; so unterstützt es die Entgiftung bei Schwermetallbelastung. Silber fördert in besonderer Weise das Knochenwachstum und beschleunigt die Heilung von verletztem Gewebe. Zudem vermag es Krebszellen in normale Zellen zurückzuverwandeln. Nanosilber wird mit Erfolg bei Erkrankungen des Auges, der Atemwege, der Haut, Erkrankungen im Genitalbereich, Erkrankungen des Verdauungstraktes, Entzündungen des Gehörgangs, Furunkeln, Geschwüren sowie Behandlungen von Tieren und Pflanzen verwendet.

Seit Anfang der siebziger Jahre des vergangenen Jahrhunderts werden Goldnanopartikel in der Biochemie und medizinischen Diagnostik verwendet. Einige Aminosäuren, die Proteine bilden, enthalten Schwefel in ihrer Zusammensetzung. Da der Schwefel eine hohe Goldaffinität aufweist, binden sich die Proteine leicht und fest an diese Goldnanopartikel. Die mit Antikörpern gekoppelten Metallpartikel werden auch bei Schwangerschaftstests eingesetzt: Nanogoldpartikel sind dabei im Teststreifen fein verteilt. Der an die Partikel gekoppelte Antikörper erkennt das „Luteinisierende Hormon", ein Molekül, mit dessen Anwesenheit sich eine beginnende Schwangerschaft nachweisen lässt. Ist dieses Hormon im Urin vorhanden, reichern sich die Nanogoldpartikel im Sichtfenster an und erzeugen einen roten Streifen.

Mittlerweile ist bekannt, dass Gold nicht nur rubinrot, sondern in allen Farben des Spektrums erscheinen kann. Abhängig ist die Farbe hauptsächlich von der Größe, aber auch von der Form der Partikel. So führt eine besonders hohe Anreicherung der Goldpartikel im Schwangerschaftstest dazu, dass der Streifen blau statt rot erscheint.

Einige Wissenschaftler von Henkel beschäftigen sich zur Zeit mit der Erforschung der Eigenschaften von Zahnoberflächen. Durch den Einsatz von Nanopartikeln in Zahnpasta soll versucht werden, besonders glatte Zahnoberflächen zu erzeugen. Unter dem Rasterelektronenmikroskop wurde dabei beobachtet, dass raue Oberflächen eine gute Grundlage für die Besiedlung mit Bakterien sind, was die Ursache für Karies bildet. Es wurde eine Zahnpasta unter Zugabe von Hydroxylapatit-Nanopartikeln entwickelt. Der raue Zahnschmelz wird dadurch geglättet, wobei das Nanoapatit selbst nach vielen Putzvorgängen und Spülungen noch auf der Zahnoberfläche haften bleibt. Die Forscher erwarten zudem, dass Nanopartikel aus Calciumphosphaten sogar den natürlichen Wiederaufbau geschädigter Zahnoberflächen begünstigen können.

Auch in die Kosmetik hält die Nanotechnologie Einzug. Wie französische Wissenschaftler der Forschungsorganisation CNRS in Paris feststellten, kaschierten bereits vor 2000 Jahren Griechen und Römer ihre grauen Haare mit Nanopaste aus Bleioxid und Löschkalk. Dabei entstanden dunkle Nanokristalle des Bleisulfides, die heute zum Teil für optoelektronische Bauteile benötigt werden. Dieses historische Verfahren wurde nachgestellt, indem man Haare in Wasser gab und zu gleichen Teilen Bleioxid und Kalziumhydroxid hinzufügte. Bereits nach kurzer Zeit begannen die hellen Haare, sich dunkler zu färben. Je länger sie der Mischung ausgesetzt waren, desto intensiver war die Farbe.

Wie dieser Haare färbende Effekt zustande kam, konnten die Chemiker und Haarexperten unter dem Mikroskop erkennen: In der Faserschicht der Haare hatten sich aus dem Schwefel der Aminosäuren des Keratins der Haare und dem Blei Bleisulfidkristalle gebildet - und diese waren lediglich zwischen vier und 15 millionstel Millimeter, also wenige Nanometer groß. Einige der Kristalle hatten an der Außenseite der Fasern größere Ablagerungen gebildet, während sich die kleineren ins Innere der Fasern eingelagert hatten.

Heutzutage werden Nanopartikel des Titanoxides in Sonnenschutzcremes eingesetzt. Die Teilchen reflektieren die besonders schädliche UV-B-Strahlung und schützen so die Haut vor Sonnenbrand. Die winzigen Kügelchen von 20 bis 100 Nanometern kön-

nen sich sehr viel dichter zusammenlagern als dies bei größeren
Teilchen möglich wäre. So entsteht ein dichter Schutzfilm.

Die erste Erfindung des Chemikers und Pharmazeuten Tobias
Lowitz, der in Göttingen im Jahr 1757 geboren wurde, stand direkt
mit Nanotechnologien in Verbindung. Er erkannte, dass farbige Lösungen, die mit Kohlenstoffstaub gefiltert wurden, ihre Farbe verändern. Dies war seine erste und wichtigste Entdeckung – das Ad-
sorptionsphänomen – ein physikalischer Prozess der Anreicherung
von Stoffen aus Gasen oder Flüssigkeiten an der Oberfläche eines
Festkörpers. Der Weg von der Entdeckung bis hin zur praktischen
Anwendung war sehr kurz. Schon ein Jahr später wurde dieses
Verfahren für die Reinigung des Wodkas von Fuselölen eingesetzt
und findet bis heute eine sehr breite Anwendung in Russland und
anderen Ländern. Weiterhin suchte er nach neuen Sorptionsmitteln
sowie nach weiteren Verwendungen des Adsorptionsverfahrens
für die Reinigung von Stoffen wie Arzneimittel, Trinkwasser, Zu-
cker oder Salpeter als Bestandteil des Schwarzpulvers.

Die Aktivkohle, welche wir heute in Tablettenform bei Magen- und
Darmerkrankungen einnehmen, wird praktisch noch heute nach
dem Lowitz-Verfahren durch Röstung von Holz oder Knochenmehl unter Ausschluss von Luft hergestellt. Danach wird die Aktivkohle zur Reinigung der inneren Poren mit einem Durchmesser
von einigen Nanometern mit Wasserdampf behandelt. Nach dieser
Behandlung ist die Aktivkohle in der Lage, auf ihrer Oberfläche
verschiedene schädliche oder giftige Stoffe im Magen, Verunreinigungen des Trinkwassers, Teer aus Zigarettenrauch etc. zu binden.
Diese Anwendungen führten auch zum Einsatz von Aktivkohle in
Gasmasken, der einzigen Schutzausrüstung gegen Kampfgase, die
während des Ersten Weltkriegs verwendet wurde.

Ein anderer wichtiger Sorbent, der oft im Haushalt verwendet
wird, ist Silicagel. Päckchen mit Silicagel liegen häufig in Waren-
sendungen bei, da Silicagel die Feuchtigkeit aus der Luft adsorbiert. Das Silicagel hat die gleiche chemische Zusammensetzung
wie Sand, nur mit vielen Poren mit Porengrößen von einem bis einigen Dutzend Nanometern.

Kieselgel (Silicagel).

Wenn wir über Sorptionsmittel sprechen, müssen wir auch die Zeolithe erwähnen – vollendete und wunderschöne Werke aus der Welt der anorganischen Natur.

Gasmaske 17 und Stahlhelm M1916. Deutschland, 1917. Ausstellung im Braunschweigischen Landesmuseum, Braunschweig.

Mineral Natrolith. Braunschweigisches Landesmuseum, Braunschweig.

Stellen wir uns „Höhlen" in der Form von regulären Polyedern vor
– Kuboktaeder, die mittels 6 Seiten bzw. „Fenstern" in regelmäßiger Form mit 6 genau gleichen „Höhlen" verbunden sind, an die
wiederum je weitere 6 „Höhlen" angrenzen usw. Der innere
Durchmesser beträgt 1,1 – 1,2 Nanometer, Form und Durchmesser
der „Fenster" hängt von der Art der Zeolithe ab.

Die medizinischen Anwendungen von Mineralen aus der Zeolithgruppe sind seit undenklichen Zeiten bekannt, aber die wissenschaftlichen Untersuchungen von Mineralen aus der Familie der
Alumosilikate wurden erst im Jahr 1756 von dem schwedischen
Chemiker Axel Frederic von Cronstedt durchgeführt.

Auf Zeolithe stoßen wir auch im Haushalt, da die heutigen
Waschmittel zur Adsorption von Kalzium- und Magnesiumionen
aus dem Wasser („Wasserenthärtung") 15 bis 30% Zeolithe enthalten. Zeolithe werden auch für die Herstellung von Hochoktan-Benzin, zur chemischen Synthese sowie in Autokatalysatoren verwendet.

Wenn es keine Adsorption gäbe, würden wir uns vermutlich
schon seit langem mit dem Wasser, welches wir trinken, und mit
der Luft, die wir atmen, vergiften. Die Sorptionsmittel werden zur
Entsalzung von Meerwasser, für die Gewinnung von Metallen aus
Erzen, für Umweltanalysen sowie zur Qualitätskontrolle bei der
Produktion verwendet.

Die Struktur der vielen anderen Katalysatoren, wie zum Beispiel
Aluminiumoxid, erscheint nicht so perfekt wie bei den Zeolithen,
aber das allgemeine Prinzip bleibt: Sie alle haben eine sehr strukturreiche Oberfläche mit Nanoporen. Das Präfix „Nano" erscheint
in der Katalyse nicht nur wegen der Poren. Eine sehr wichtige Katalysatorklasse sind so genannte Metallkatalysatoren, die Metalle
oder deren Oxide in Form von Nanoteilchen enthalten. Je größer
die Oberfläche, desto größer ist die Kapazität des Katalysators.

Ein Pionier bei der Entdeckung der katalytischen Metalleigenschaften war der deutsche Chemiker Johann Wolfgang Döbereiner,
der 1821 zur Herstellung von Essigsäure das sogenannte Schnelles-

sigverfahren mittels Oxidation von Alkohol in Anwesenheit von Platin entwickelte.

Die Nanotechnologien sind kein Märchen. Sie existieren schon heute und Sie selbst können sie überall im Alltag entdecken. Die Welt ist voller Objekte in Nanogröße. Sie befinden sich in der Luft und sind auch im Wasser enthalten, aus denen fast alles, das wir sehen können, aufgebaut ist.

Obwohl Kritiker häufig vor dem „Gespenst der nanotechnologischen Revolution" und den damit verbundenen möglichen Gesundheitsgefahren warnen, lässt uns diese Technologie einen völlig veränderten Blick auf die uns umgebende Welt werfen und bietet bisher ungeahnte technische Möglichkeiten, die unter Berücksichtigung der möglichen Gefahren unser Leben bereichern können.

Ungefähr seit Ende der neunziger Jahre des vergangenen Jahrhunderts sind Produkte mit Nanoteilchen im Alltag in Verwendung, z.B. das Motoröl mit Nanoteilchen, Pflaster mit Nanosilber, Nanoelektronik. Sie werden in Computern eingesetzt, in Fernsehgeräten, in Autos, in Materialien, mit denen Ihre Wohnung geschmückt ist, in Kleidung, die Sie tragen, sowie in Nahrungsmitteln aus dem Supermarkt. Überall finden Sie viele Gegenstände in Nanogröße, die von menschlicher Hand bewusst und gezielt geschaffen wurden.

Griechische schwarzfigurige Keramik und NASA-Projekte

„NASA kopiert die Nanotechnologie des antiken Griechenlands" - mit dieser Schlagzeile erschienen verschiedene wissenschaftliche Publikationen in Amerika und Europa. Wie in den NASA-Informationen zu lesen war, wurde die griechische Keramik mit der glänzenden schwarzen obersten Schicht auf den Töpferwaren mit einzigartigen physikalischen Eigenschaften unter der Verwendung der Nanotechnologie der griechischen Originale hergestellt.

Der harte Wettbewerb zwischen Athen und Korinth, den beiden großen Konkurrenten der Keramikherstellung im antiken Griechenland, führte als Ergebnis vom 7. bis 4. Jahrhundert v. Chr. zu einer Blütezeit dieses Handwerks. Selbst heute noch rätseln Wissenschaftler über viele Geheimnisse dieser antiken Nanotechnologie.

Die Malerei auf griechischen Vasen hatte sehr oft eine Verbindung zu ihren Verwendungen. So wurden auf Weinvasen oft Festmahlszenen mit Jungen, die sich mit Hetären amüsieren, oder Dionysos mit den Silenen und Mänaden als Begleitern bei seinen Umzügen abgebildet. Der Höhepunkt der attischen Keramikproduktion war im 5. Jahrhundert v. Chr. erreicht. Die attischen keramischen Gegenstände konnten von anderen durch haptische Wahrnehmung unterschieden werden. Sie wurden zu diversen Zwecken hergestellt, beispielsweise zur Benutzung als Hausartikel (in erster Linie Töpferware), als Kunstgegenstände sowie Gegenstände und Statuen zu religiösen Zwecken. Im antiken Griechenland zählten Gefäße dieser Gattung zu den am häufigsten am Tisch benutzten Behältnissen.

Diese Gattung charakterisiert ein fester, meist matt glänzender Überzug, der sowohl eine schwarze als auch eine rote Färbung besitzen kann. In manchen Fällen kann der Überzug auch zweifarbig oder fleckig sein, ein Phänomen, das durch Luftzüge im Ofen und durch geschmolzene farbige Nanopartikel, die während des Brennvorganges entstanden, verursacht wurde. Zudem wurde die Technik der „Schwarzfigurigen Malerei" angewendet, bei der zwei verschiedene Tonschlicker verwendet wurden.

Durch das dreifache Eintauchen der Gefäße in den Schlicker entstand – bevorzugt an Rändern und auf den Bodeninnenseiten – die gewünschte Zweifarbigkeit. Bei der Aufbereitung verlangte der Ton für seine Feinheit und Plastizität viel Aufmerksamkeit. Nicht gering waren auch die mit dem Trocknen der hergestellten Gefäße zusammenhängenden Gefahren. So musste z.B. das hergestellte Gut vor plötzlichem Regen oder Wind geschützt werden.

Schwarzfigurige Oinochoe. Streit zwischen Odysseus und Ajax. Region Athen, 520 v. Chr. Louvre, Paris.

Das Austrocknen eines Gefäßes ist eher ein langsamer, viel Geduld fordernder Prozess. All diese Risiken übertraf bei weitem der letzte Arbeitsgang - der Brand des Gefäßes. Eine Unvorsichtigkeit des Meisters konnte für die hergestellte Töpferware verhängnisvoll sein.

Einige Tontafeln der korinthischen Töpfer sind die ältesten archäologischen Zeugnisse diese Herstellungstechnik, sie stellen die Töpfereien und die Töpferkunst im Allgemeinen dar. Der antike Keramikofen war ein zweistufiger Schachtofen mit aufsteigender Flamme. Als Brennstoff wurde damals Holzkohle verwendet. Die obere Stufe diente zum Brennen der Gefäße, die untere für den Brennstoff.

Space Shuttle Atlantis landing at the KSC follo wing STS-122. (Quelle: Wikipedia, Space Shuttle Atlantis.
© NASA / Chuck Luzier)

Feinkeramik musste wegen besserer Hitzebedingungen in der
Mitte des Brennraumes positioniert werden, während kleinere Keramikwaren wegen ihres leichten Gewichtes meistens oben lagen
und als Dichtung des Ofens bei Hitzeverlust dienten. Grobkeramik
durfte dagegen, wenn Platzmangel bestand, auch unten in die
Höhle eingesetzt werden.

Der tatsächliche Brennprozess war dreistufig: In der ersten Phase waren Schürkanal unten und Abzugsloch oben geöffnet, damit
Luft in die Kammer eingeführt werden konnte. Der Ton, der bei
der Keramikherstellung auch für die nachträgliche Töpferbearbeitung verwendet wurde, enthielt Eisenoxide. Eisenoxide gaben den
Töpferwaren eine rote Farbe, wenn sie in einer Oxidationsatmosphäre gebrannt wurden und eine schwarze Farbe, wenn der
Brennvorgang in einer Reduktionsatmosphäre durchgeführt wurde. Sauerstoff verwandelte den eisenhaltigen Tonschlicker in rotes
Eisenoxid (Hämatit) und das Gefäß wurde rot. Die Oxidationsphase dauerte, bis die Temperatur bei 800 Grad lag. In der zweiten
Phase, die übrigens die rascheste und entscheidende für den Farbkontrast des Gefäßes war, stieg die Temperatur in der Brennkammer bis zu 945 Grad Celsius, während der Töpfer behutsam einen
sauerstofffreien Brennvorgang einsetzte. Durch den Rauch bzw.
das Kohlenstoffmonoxid verwandelte sich das Eisenoxid in
schwarzes Eisenoxiduloxid (Magnetit) und die Keramik wurde
schwarz. In der dritten Phase ließ man wieder Sauerstoff einströmen und den Ofen langsam auskühlen. Die Oxidation (Rotfärbung) wirkte dabei schneller an den unverzierten Teilen des Gefäßes, während die bemalten Teile dank der dichteren Sinterung des
Glanztons und der niedrigeren Temperatur schwarz blieben. Diese
Schicht wies außer der höheren Härte und Temperaturbeständigkeit eine wunderschöne, glänzende schwarz-dunkelblaue Farbe
auf.

Die genaue Rezeptur der schwarzen Farbe ist bis heute ein Geheimnis. Vereinfacht beschrieben enthielt der Tonschlicker ein Alkali (Pottasche oder Soda), Ton mit einem Kieselerdeanteil sowie

Eisenoxid. Außerdem wurde dem Tonschlicker noch Asche zugegeben.

Wissenschaftler des Getty Conservation Institute, des Stanford National Accelerator Laboratory und der Aerospace Corporation haben festgestellt, dass die keramischen Pigmente der antiken attischen Keramik nicht nur sengender Hitze widerstehen können, sondern dabei auch chemisch stabil bleiben. Raketenwissenschaftler studieren 2500 Jahre alte griechische Keramik - wie diese Vase aus dem 6. Jahrhundert v. Chr. - da sie vermuten, ihre Eigenschaften könnten die Hitzebeständigkeit von modernen Keramikfliesen erhöhen und die Technologie von modernen Hitzeschutzfliesen für Weltraumfahrzeuge verbessern.

Die Keramikfliesen der Raumfahrzeuge sind einer extremen Bandbreite von Temperaturen ausgesetzt. Sie müssen in der Lage sein, Temperaturen im kalten Vakuum des Weltraums von -120°C bis +1650°C beim Wiedereintritt in die Erdatmosphäre standzuhalten.

Diese enorme Hitze wird durch Reibung verursacht und ist heiß genug, um Metall zu verflüssigen. Die NASA plant, alle Keramikteile ihrer Raumschiffe unter Verwendung der Technologie der alten Griechen herzustellen.

Wenn man alle Erfindungen der letzten Jahrzehnte im Nanobereich betrachtet, scheint es, als würden wir uns auf dem Gipfel der technologischen Zivilisation befinden. Die neuesten Untersuchungen zeigen jedoch, dass schon unsere Vorfahren diese Technologien, die wir bis heute nicht komplett verstehen können, beherrschten. Archäologische Funde bestätigen Versuche der Menschheit, schon seit der Antike Materialien mit vorgegebenen Atomstrukturen herzustellen. Das bedeutet, dass die Zukunft mit Berücksichtigung der Vergangenheit aufgebaut werden muss.

Nicht Götter brennen Töpfe

„Vom Handwerk kann man sich zur Kunst erheben. Vom Pfuschen nie".

Johann Wolfgang von Goethe

In der russischen Sprache gibt es ein Sprichwort: „Nicht Götter brennen Töpfe". Dieses Sprichwort hat mit der Herstellung der Keramik nichts zu tun und bedeutet, dass nicht nur Götter, sondern auch die Menschen genügendes Wissen hatten, um eine solche Arbeit zu verrichten. Dies bedeutet, dass die Herstellung der griechischen Keramik durch antike Töpfer praktisch kein „göttliches" Wissen und Fähigkeit brauchte.

Die modernen analytischen Verfahren, die in der Materialkunde verwendet werden, bieten neue Möglichkeiten in den Untersuchungen alter Keramik. Mit der Keramik gebundene Untersuchungen studieren in der Hauptsache die praktischen statt der dekorativen Eigenschaften der Keramik. Materialwissenschaftler suchen neue Verfahren der Bearbeitung der Rohstoffe, die einen Aufbau der mikroskopischen Strukturen erlauben. Diese Strukturen geben Keramiken nützliche technische Eigenschaften wie zum Beispiel eine höhere Festigkeit und Temperaturbeständigkeit.

In diesem Abschnitt wird eine Geschichte über keramische Vasen fortgesetzt, deren Aussehen sie vor etwa 5000 Jahren einer Töpferscheibe verdankten.

Fehlender fruchtbarer Boden führte bei einem ständigen Wachstum der Bevölkerung in dem antiken Griechenland zu der Entwicklung von Handwerken und zum Handel. In Attika, Korinth und anderen Regionen des Landes wurde die Tongewinnung begünstigt, und die Herstellung von Gegenständen aus Ton besaß einen ganz besonderen Stellenwert. In Athen beschäftigte diese

Tätigkeit ein ganzes Stadtviertel. Dieses hieß Keramik und lag im nordwestlichen Teil der Stadt, teilweise außerhalb der Stadtmauern, in der Nähe der großen Nekropole.

Darstellung der Produktion von ägyptischer Keramik (2650 – 2200 v. Chr.) aus permanenter Ausstellung des Museums Egizio in Turin. Archäologisches Museum, Padua.

Rot polierte Gefäße mit eingeschnittenem Dekor. Keramik, 2300 - 1900 v. Chr. Museum Salamis, Zypern.

Die Produktion war dort so massiv, dass der Name dieses Stadtviertels auf alle Gegenstände aus Ton übertragen wurde. Die griechische Keramik hatte eine stilistische Entwicklung von der geometrischen Zeit über die Ritztechnik bis zur Entwicklung des schwarz- und rotfigurigen Stils der Kultur der archaischen und klassischen Periode von ca. 7. bis 4. Jh. v. Chr.

Als Luxusware wurde sie nach Ägypten und den anderen Ländern exportiert. Die Kombination von technischem Können, Phantasie und Mut mit neuen Formen zu experimentieren, stellt man auch in der griechischen Töpferkunst fest.

Praktisch in allen Büchern über die antike Kultur (in diesem auch) finden Sie eine Beschreibung und Abbildungen von Vasen, wofür die griechische Keramik weltberühmt ist. In jedem Museum, wo sich solche Vasen befinden, werden diese sehr vorsichtig auf Ehrenstellen ausgestellt. Unter dieser sind die schönen und unklaren Wörter: „Krater", „Kylix", „Oinochoe" geschrieben.

Sie strahlen einen an, als ob sie in neuerer Zeit entstanden sind. Dies ist aber falsch. Die Gefäße dienten als antike Verbrauchsgüter für Reiche und Arme, für Vorratshaltung, Mahlzeiten und Getränke. Nur einige dieser Gefäße wurden für Schmuck, Kosmetik oder Kulte verwendet. Griechenland, besonders Attika hatte guten Ton, aus welchem die wunderschönen Vasen hergestellt wurden. So lebten die Leute in Tonhäusern mit Tongeschirr.

Die Bezeichnungen dieser Gefäße haben, in Abhängigkeit von ihrer Form und ihrer Anwendung ganz bestimmte Bedeutungen: Der Pithos ist ein riesiges Vorratsgefäß des Altertums beispielsweise für Wein, Öl oder Getreide. Wir kennen jenen Erpetidamos von Phaistos, der um 680 v. Chr. stolz auf sein großes Vorratsgefäß schrieb: „Dieses Gefäß gehört Erpetidamos, dem Sohn der Paidophila".

***Griechische Keramikgefäße** 7. - 5. Jh. v. Chr. Museum Louvre, Paris, Archäologische Museen Zypern und Siracusa (Italien).*

In der Bronzezeit dienten solche Gefäße auch als Grabsack, und genau in einem solchen Gefäß lebte der antike griechische Philosoph Diogenes von Sinope (vermutlich um 410 v. Chr. in Sinope; † vermutlich 323 v. Chr. in Korinth).

***Diogen** von Pittore Veneto. 2. Hälfte 17 Jh. Archäologisches Museum, Padua.*

***Pathos Begräbnis - Grabsarg (Tarnakes)** 1700 - 1600 v. Chr. Archäologisches Museum, Iraklio.*

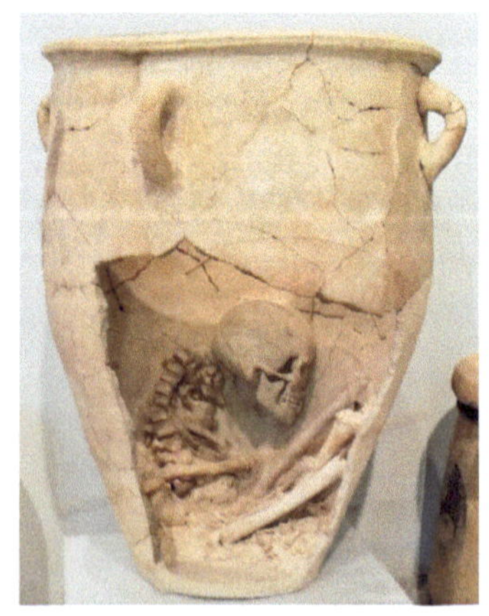

Eine Amphore ist ein bauchiges, enghalsiges Gefäß mit zwei Henkeln, welches für den Transport von Wein und Öl verwendet wurde. Dieses Gefäß hat wie ein Mensch eine „Mündung", „Hals", „Schulter", „Bauch", und „Fuß" - so nennen die Archäologen einige seiner Elemente. Als Hydria bezeichnet man ein Gefäß mit drei Henkeln, in welchem die griechischen Frauen Wasser aus Brunnen oder Quellen nach Hause brachten. Auch für die Aufbewahrung anderer Materialien wurde dieses genutzt. Es diente ebenfalls als Mischgefäß, wo zum Beispiel Wein mit Wasser nach griechischer Art verdünnt wurde. Den vertikalen Kanal in der Mitte des Vulkans nennt man „Krater". Als Oinochoe bezeichnet man eine kleine Kanne mit einem Henkel und drei kleeblattförmigen oder runden Öffnungen, welche im antiken Griechenland, dem Ausschenken von Wein diente. Damals wurde der Wein öfter aus einer Trinkschale als aus einer Tasse oder einem Weinglas getrunken. Eine solche Trinkschale mit zwei gegenüberliegenden Henkeln am Gefäßkörper auf einem Fuß nennt man Kylix. Sie gehört zu den am häufigsten benutzten Trinkgefäßen der antiken Griechen. Als Kantharos bezeichnet man ein antikes griechisches becherartiges Trinkgefäß mit zwei, meist an der Lippe ansetzenden, hochgezogenen, vertikalen und weit ausgeschweiften Schlaufenhenkeln. Das Gefäß ist eng mit dem Kult des Gottes Dionysos verbunden, als dessen Attribut der Kantharos auch gilt. Die Form des Kantharos entwickelte sich in der mittelhelladischen Zeit und galt in der klassischen Zeit schon als eine altertümliche Vasenform. Ein Rhyton ist ein gewöhnlich einhenkeliges Trinkgefäß oder Spendengefäß, oft in Form von Tierprotomen wie Stier- oder Widderkopf, zum Ausgießen von Trankopfern durch eine Öffnung im unteren Bereich. Für Gefäße wie Rhyton wurden zur Skulpturen, welche in den speziellen Formen gestampft wurden, einzelne Elemente per Hand mit dem Ton angeleimt. Danach wurden solche Gefäße wie die anderen bemalt und angebrannt. Für die Aromen und duftigen Öle wurde die Lekythos in der Form von kleinen Amphoren und bauchigen Aryballoi in der Form der kleinen Pithose benutzt.

Die Binnenzeichnungen wie helle Linien der Falten der Kleidung und die Gesichtszüge wurden vorher mit einer Zeichenfeder (Bekassine Feder) aufgetragen oder mit einem scharfen Werkzeug eingeritzt. Neben traditioneller schwarzfiguriger Maltechnik erwarb die attische rotfigurige Keramik von 5. Jh. v. Chr. eine besondere Schönheit. Schöner, weil auf einem hellen Hintergrund mehr Einzelheiten dargestellt werden konnten. Zum Beispiel kann man die schwarzfigurigen Köpfe eines Menschen bildlich nur von der Seite darstellen, bei rotfigurigen auch das Gesicht. Für die einzelnen Details der Figur wurden die Binnenzeichnungen mit einem feinen Pinsel vor dem Brand aufgetragen. Bei dieser erscheinen die Bildmotive auf der Keramikoberfläche leuchtend rot gegen einen schwarzen Hintergrund des gebrannten Tonschlickers.

Bei den Amphoren, Krateren und Oinochoen wurden die seitlichen Oberflächen bemalt; bei den Kylix, der runde Boden und die seitigen Oberflächen. Obwohl es sehr schwierig ist eine lebendige Darstellung in einem Kreisel oder einer gewölbten Fläche zu malen, machten die alten Griechen dies sehr gut. Die Themen der Zeichnungen waren mythologische Szenen, Götter und Schlachten der Helden. Später wurden auch Szenen aus Komödien, aus dem Alltag, aus dem Leben der Menschen und besonders Feste dargestellt.

In der Antike erschienen Mythen, welche erzählen, wie die Götter die ersten Menschen modellierten. Eine dieser Mythen ist die Geschichte von Pandora. Diese Frau wurde aus dem Lehm von Athena und Hephaistos hergestellt und im Feuer gebrannt, aus Rache dafür, weil Prometheus das Feuer für die Menschen gestohlen hatte. Einmal öffnete sie aus purer Neugier die Pithos, welche ungeöffnet aufbewahrt werden sollte und in der sich alle Unglücke für die Bestrafung der Menschen für den Raub des Feuers in der sich drin befanden. So kam durch das Handwerk die Kultur des Mythos in die Keramikgefäße.

Oft erschienen mythologische Themen, welche mit dem Trinken des Weines verbunden waren. Zahlreiche Feste, Spiele, die mit dem Dionysius-Kult verbunden waren, füllten die Gefäßoberfläche

aus. In der antiken Mythologie steht Rotwein auf der einen Seite
für die Jugend und das ewige Leben und auf der anderen Seite
steht er für Blut und Opfer.

Wein assoziierte man erst relativ spät in der menschlichen Kultur
mit negativen Eigenschaften. Dies wurde mit der Verschiebung des
kulturellen Zentrums von Süden nach Norden verbunden. Im Rahmen der Mittelmeerwelt war es ein Heilgetränk, das vor vielen
Krankheiten, vor allem des Magens, schützte. Im antiken Griechenland und dem alten Rom wurden für ein Teil Wein drei Teile Wasser genommen. Die „biblische Region" trank das „starke" Getränk -
drei Teile Wasser in zwei Teilen Wein.

*Eine Töpferei (L) und Ofen in Töpferei (R) auf einer Tafel aus
Penteskouphia, Korinth, um 575 - 550 v. Chr. Louvre, Paris.*

Keramik wird aus einem Ton hergestellt. Die Töne sind nicht ze-
mentierte Sedimentgesteine, die überwiegend aus ganz bestimmten Mineralien mit Partikelgrößen von hauptsächlich kleiner als 10
Mikron bestehen, die nach ihren chemischen Zusammensetzungen
Hydroalumosilikate sind. Diese Mineralien verbreiten sich ziemlich stark in der Erdkruste. Geologen unterscheiden circa 60 verschiedene Tonarten.

Schwarzfigurige Amphora. Theseus besiegt den Minotauros im Labyrinth von Knossos und befreit seine Stadt von der kretischen Vorherrschaft. Um 510 v. Chr. Antikenmuseum, Bremen.

Zurzeit gibt es eine Meinung, dass für die Tonmineralien eine Anwesenheit der Schichten charakteristisch ist, die die Siliziumatome mit vier Sauerstoffatomen [SiO_4] und Aluminiumatome mit 6 Sauerstoffatomen [AlO_6] einschließen. Der Ton begleitet die Mineralien wie Quarz, Glimmer, Feldspat, Pyrit oder auch Calcit, welche durch hydrothermale Aktivitäten und Säuren aus vulkanischer Asche entstehen. Ein guter Ton war in Griechenland praktisch überall. Besonders geschätzt wurde wegen hoher Qualität ein blasser, hellgrüner Ton aus Korinth und ein orangeroter Ton aus Attika.

Attisch-rotfiguriger Kelchkrater. Amphiaraos, nimmt der Schwert. 450 - 425. v. Chr. Archäologisches Museum in Siracusa, Italien.

Der Ton, aus welchem die Vasen hergestellt wurden, wurde mit Wasser vermischt und ausgewaschen, bis sich die großen Partikel auf dem Boden absetzten. Fertige Gefäße wurden getrocknet und in einem speziellen Ofen gebrannt. Die Umwandlung des Tons in Keramik erfolgte bei einer Temperatur von 500 bis 900°C. Keramik behält Poren, weil beim Brennen der Ton nicht bis zur Schmelztemperatur erhitzt wird. Falls Keramikgegenstände nicht gebrannt werden, verlieren sie unter ihrem eigenen Gewicht die Form und werden in eine geschmolzene Masse umgewandelt. Danach werden sie mit einer dichten Glasur abgedeckt, bemalt und nochmals gebrannt. Normalerweise besteht Glasur aus kleinen glasbildenden Partikeln, welche beim Schmelzen die Keramikoberfläche verdichten. Das Brennen des Gefäßes wurde normalerweise zwei bis mehrere Male durchgeführt. Beim ersten Brennen des Tones findet eine Sinterung statt, die die chemischen Reaktionen in einer festen Phase verursacht. Beim Brennen des Tones verläuft die Hauptreaktion:

$$3\ Al_2O_3 \times 2SiO_2 \times 2H_2O \rightarrow 3Al_2O_3 \times 2SiO_2 + 4SiO_2 + 6H_2O$$

Da der Ton, in Abhängigkeit von seiner Herkunft, unterschiedliche Farbe, Textur und Dichte hatte, hatten die fertigen Gefäße unterschiedliche Farbtöne, Glanz, Glättung der Oberfläche, Wanddicke und Gewichte.

Die Bemalung der griechischen Vasen wurde im 6. - 5. Jh. v. Chr. - der Blütezeit der Epoche der Keramikproduktion - meistens mit einer glänzend schwarzen Glasur, welche schwarzer Lack genannt wurde, durchgeführt.

Glasuren haben die Aufgabe, den eventuell nicht gesinterten Scherben wasser-, luft- und gasdicht zu überdecken sowie diese gegen chemische oder physikalische Angriffe zu schützen. Glasur darf man nicht längere Zeit bei einer höheren Temperatur halten, weil sonst ein Schmelzen der Keramik selbst stattfindet. Aufgrund dessen enthalten Glasuren oft Verunreinigungen wie Kristalle der Mineralien und Gasbläschen. Die meist angewandten Glasuren haben variable Zusammensetzungen der chemischen Verbindungen des Siliziumdioxids mit anderen Oxiden, die man durch das Verhältnis der Hauptkomponente setzen kann:

$$1(Me_2O + MeO) : (0{,}5...1{,}4)Al_2O_3 : (5...12)SiO_2$$

Hierin bedeuten Me - Ionen der Alkali- und der Erdalkalimetalle, auch Pb(II), Fe(II).

Genau von Verhältnis und Zusammensetzung dieser Begleitkomponenten hängen die technischen Eigenschaften und das Aussehen der Glasur ab, welche durchsichtig oder undurchsichtig sein kann.

Das Calciumoxid trägt zu einer Adhäsion von Glasur und Keramik bei. Beim Brennen führt dies zur Bildung einer Zwischenschicht, die die thermischen Spannungen, die sich zwischen Glasur und Keramik wegen unterschiedlicher Koeffizienten der thermischen Ausdehnungen bilden, auflöst.

Eine erfolgreiche Entwicklung der Glasurtechniken in Griechenland begünstigten zwei Hauptursachen: die frühere Erreichung der höheren (über 1000°C) Brenntemperaturen und die Entdeckung der Mineralien der Quarzgruppe für die Glasuren. Das hängt mit der Anwesenheit in verschiedenen Regionen von Griechenland der starken, manchmal bis hunderte Meter dicken Lössablagerungen zusammen. Löss besteht überwiegend aus Quarz, hat einen hohen Schmelzpunkt und ist ein geeignetes Material für Hochtemperatur-Brennöfen.

Im antiken Griechenland wurden Glasuren aus einer Mischung von verschiedenen natürlich vorkommenden Rohstoffen vorbereitet, die sich im feinpulverigen Zustand befanden, um miteinander vermischt werden zu können. Zu diesen Rohstoffen gehörten z.B. Feldspat, Quarz, Kaolin sowie fein gemahlene Mineralien von Eisen, Kupfer, Blei, Kobalt, Zink, Zinn usw., welche mit Wasser verflüssigt wurden. Nach dem Glattbrand überzogen sie den Tonkörper mit einer glasartigen Schicht. Damit die Glasur leichtflüssig wurde, erhöhte der Töpfer entweder den Flussmittelanteil, oder die schwerschmelzbaren Stoffe in der Glasurzusammensetzung wurden reduziert. Durch Flussmittel, die die unterschiedlichen chemischen Bindungen enthalten, kann man die Schmelztemperatur sowie die Stabilität von Glasur verändern. Von der Zusammensetzung der Glasur hängen auch die Glattbrenntemperatur und die Ofenatmosphäre ab, weil während des Brennprozesses außer Aufschmelzen der Komponenten der Glasur die unterschiedlichsten chemischen Reaktionen erfolgten.

Die Ofenatmosphäre ist einer der wichtigsten Parameter des Brennprozesses und bewegt sich von der Oxidation zur Reduktion. Reduktion heißt, dass in der durch den Brennverlauf oder zugeführte Stoffe erzeugten Atmosphäre Sauerstoffmoleküle aus der Glasur, Scherben und den Steinen des Ofens entzogen werden. Es kommt bei verschiedenen Metallverbindungen (zum Beispiel Kupfer-Oxid oder -Carbonat schlägt von Grün nach Rot um) zu Farbumschlägen, oft zu unregelmäßigen Verfärbungen der Scherben, zu Kohlenstoffeinlagerungen in den weichen Glasuren sowie zu Anflügen von Metallverbindungen. Asche- und Gesteinsglasuren zeigen oft erst im reduzierten Brand ihre lebhafte Farbigkeit.

Schon in der Mitte des 6. Jahrtausends v. Chr. wussten die Töpfer in Nord-Mesopotamien, dass die Farbe des gebrannten Tons von der Zusammensetzung des Gases im Brennofen abhängig ist. Als eine „Farbkomponente" spielt hier ein Pigment des Eisenoxids, welches sich im Überschuss im Ton befindet, eine wichtige Rolle. Wenn das Gas im Brennofen viel Sauerstoff enthält, behält dieses Pigment die rote Farbe des Hämatits (Fe_2O_3). Bei einem Mangel an Sauerstoffgehalt im Gas wird das Eisenoxid bis zum schwarzen Magnetit (Fe_3O_4) reduziert. Durch die Entdeckung dieser Eigenart lernten Töpfer die Brennbedingungen zu schaffen, bei denen sich die Farben der Glasuren ändern. Solche Prozessfeinheiten erfordern von einem Töpfer Fingerspitzengefühl, und um Unglück bei der Gefäßherstellung sowie möglichen Verluste zu verhindern, sicherten sich die Töpfer den Beistand ihrer Schutzgötter.

Römische Töpferei.
Abbildung aus
Archäologischem
Museum, Neapel.

Viele Tafeln von 7. - 6. Jh. v. Chr. mit Hinwendungen zu Göttern wurden in der Nähe von Korinth gefunden. Auf diesen stellten die Töpfer einen Ofen mit Gefäßen dar, in Verbindung mit schriftlichen Gebeten.

Breitere Anwendung hatte der Tonschlicker, welcher unterschiedliche, von braun bis gold-gelbliche Farbtöne hatte. Er wurde für eine Betonung der Details der Zeichnungen verwendet.

Außer Tonschlicker verwendeten die griechischen Keramikhersteller verschiedene Farben auf Mineralienbasis. Im 7. - 3. Jh. v. Chr. wurden auf der Tonoberfläche purpur, rot-bräunliche, gelbe und weiße dauerhafte mineralische Farben aufgetragen.

Römische Töpferöfen in Siedlung Nida
(Frankfurt am Main). Um ca. 75 n. Chr.

Mineralien Goethit (L) und Hämatit (R). Naturwissenschaftliches Museum, Brüssel.

Wundervolle Farben bekommt die Keramik durch Ionen der Übergangsmetalle, die das Licht der unterschiedlichen Wellenlänge in Abhängigkeit von Metallkonzentration und Oxidationsgrad absorbieren. So gibt das Cobalt(II)-Oxid eine blaue Farbe, Nickel(II)-Oxid braune, Kupfer(II)-Oxid grüne oder blau-grüne, Mangan – braune oder violette und Eisen gelbe, rote oder schwarze Farbe. Eine Reihe der komplexen optischen Effekte verbindet sich mit der Struktur der Glasur.

Keramikofen. Archäologisches Freilichtmuseum, Oerlinghausen.

175

Wie in dem vorherigen Abschnitt beschrieben, wurden Eisenpigmente (Eisenmineralien) bei verschiedenen Temperaturen und Luftmenge verwendet. Am bekanntesten sind die schwarz- und rotfigurigen Keramiken. Bei der schwarzfigurigen Keramik erscheinen die in Tonschlicker aufgemalten Figuren glanzschwarz vor dem roten Tongrund.

Nach mehrfachen Beschreibungen von Kunsthistorikern hat die griechische Keramik besonders von Attika und Korinth, sehr hohe Temperaturbeständigkeit und Dichte. Diese Beobachtung steht zunächst im Widerspruch zu der Tatsache, dass die griechischen Töpfer vor und nach der Periode der schwarzfigurigen Keramik hundertjährige Herstellungserfahrung hatten.

Es stellt sich die Frage, warum die schwarzfigurige Keramik im Gegensatz zu anderen solche Eigenschaften hat. Normalerweise werden die farbigen Glasuren kurz bei niedrigen Temperaturen im Bereich 600 bis 1000°C gebrannt. Sie schmelzen nur teilweise und haben deswegen einen gemeinsamen Nachteil – sie sind für Wasser durchgängig.

Vor kurzer Zeit wurde eine wasserdichte Keramik im Godin Tepe im westlichen Zentraliran gefunden. Sie war mit einer schwarzen Glasur bedeckt und wurde auf die Mitte des 4. Jts. v. Chr. datiert. Eine andere bekannte wasserdichte Glasur, in welcher sich die Kristalline bilden, ist die chinesische Glasur „Temmoku". Dieser Glasurtyp enthält etwa 10% Eisenoxid.

In der Tabelle werden die nach den Analysen von Pamela B. Vandiver chemischen Zusammensetzungen der schwarzen undurchsichtigen Keramik aus Iran, Griechenland und China dargestellt.

Die anderen Glasuren, die im Labor von Pamela B. Vandiver untersucht wurden, hatten einen niedrigen Eisen- (0,19 bis 2%) und Aluminiumtrioxidgehalt (0,5 bis 10%). Die Kenntnisse des Herstellungsprozesses stammten aus Experimenten und zeigten, dass eine Erhöhung der Brennzeit bei maximalen Temperaturen sowie die Abkühlungszeit zur Kristallbildung in der Glasur führte. Wenn sich Glasur lange Zeit in einem geschmolzenen Zustand in dem

Brennofen befindet, findet ein, in Abhängigkeit von der Atmosphäre des Ofens, Wachstum der „Flocken" des Hämatits oder des Magnetits statt.

Chemische Zusammensetzungen der Keramik (Vandiver, Pamela B.: Ancient Glazes. Scientific American, 1990).

	Land / Datierung		
	Griechenland, ca. 500 v. Chr.	Iran, ca. 1500 v. Chr.	Süd China, 1200 n. Chr.
	Herkunft der Keramik		
	Attika	Godin Tepe	Tasse Temmoku
	Durchsichtigkeit / Farbe		
	Undurchsichtige, schwarz	Undurchsichtige, schwarz	Undurchsichtige, schwarz
Komponente / Parameter, %			
Brenn-T°C	1050 / 850	1000 / 900	1200 / 1100
SiO_2	45,6	59	60,1
Al_2O_3	32,5	14,5	19,3
Fe_2O_3	13,6	13,6	7,9
CaO	0,45	5	6
MgO	2,4	1,2	1,8
Na_2O	0,6	1,5	0,1
K_2O	4,2	3,2	2,6
Pb	0	0	0

Abba, Subrahmanyan fanden, dass SiO_2 mit Eisen, Titan, Nickel, Chrom, sowie Aluminium komplexe Mischoxide bildet und Reaktionen zwischen Oxiden - auch in einem festen Zustand - durch eine

Diffusion verlaufen können. Mehan hatte auf das Zusammenwirken von Aluminium und SiO_2 auf die Bildung von Mullit hingewiesen. Das bedeutet, dass sich beim Brennvorgang die Mischoxide - sogenannte Spinelle - mit der allgemeinen Formel $(A^+B^{2+})_2X_4$ bilden. Priceman zeigte, dass die Schichten der Mischoxide bei ca. 290°C elastisch verbleiben und sich ohne Zersetzung bei 1450°C halten. In diesem Zusammenhang sind die Studien von Robert B. Sosman des Systems SiO_2 – Al_2O_3 - CaO – Fe_2O_3 sehr bedeutsam. Sosman gab eine Beschreibung der Entwicklung der Struktur und Kristallisation der Mineralien in feuerfesten Werkstoffen, wie Siliziumdioxid oder Aluminiumtrioxid. Darüber hinaus schlägt er die Eisenoxide als Bindekomponente vor.

Im Lichte der Erwägungen und der wissenschaftlichen Ergebnisse lässt sich die Hypothese aufstellen, dass die von antiken griechischen Töpfern hergestellten wasserdichten und temperaturbeständigen Keramiken durch eine Verwendung von Glasuren mit höherem Anteil von Eisen und Alumosilikaten ermöglicht wurden. Beim Brennen führt es zur Bildung und Anreicherung von Mischoxiden. Dieses wird auch durch die höheren Brenntemperaturen und verlängerten Brenn- / Abkühlzeiten begünstigt.

Zum Schluss kann man sagen, dass die verschiedenen und komplexen Technologien der Keramikherstellung, die oft eine gleiche Qualität wie heutige erstklassige Gegenstände hatten, von antiken Handwerken entwickelt wurden. In diesem Fall hat bei der Herstellung der wunderschönen antiken Keramik das Sprichwort: „Nicht Götter brennen Töpfe" eine richtige Bedeutung.

Zauberei der farbigen Gläser

„Eine Kunstrichtung hat sich erst dann durchgesetzt, wenn sie auch von den Schaufensterdekorateuren praktiziert wird".

Pablo Picasso, spanischer Bildhauer und Maler (1881 - 1973)

Aus der Wikipedia: „Bleiglasfenster sind Fenster, bei denen die einzelnen Flachglas-Stücke durch H-förmige Bleiruten verbunden sind und die Schnittpunkte der Ruten verlötet wurden. Es gibt Bleiglasfenster mit und ohne Glasmalereien und sie dienen meist der künstlerischen Darstellung. Trotz der Namensähnlichkeit wird in Bleiglasfenstern kein Bleiglas verwendet."

Informationen über das Ursprungsgebiet des Glases sind widersprüchlich und undeutlich. Die ältesten Glasgegenstände, auf welche die Archäologen stießen, sind scharfe Plättchen und Pfeilspitzen, die noch in der Steinzeit mittels Abhacken des Vulkanglases - Obsidian gefertigt wurden. Obsidian eignet sich hervorragend zur Herstellung von Schneidegeräten, Waffen und Schmuck. Nach den Geschichten Plinius des Älteren, wurde eine künstliche Glasherstellung vor ca. 3000 Jahre v. Chr. durch Zufall entdeckt. Gemäß den archäologischen Funden wurden die ersten künstlichen Gläser im Alten Ägypten an der syrischen Küste und in Mesopotamien im 3. Jahrtausend v. Chr. hergestellt. In der Pharaonenzeit war ab dem Jahr 1500 v. Chr. die Herstellung von Luxusgegenständen aus Glas wie Schmuck, Fläschchen für Düfte und Glasskulpturen stark verbreitet. In der Spätbronzezeit machte die Technologie der Glasherstellung in Ägypten und im Nahen Osten, zum Beispiel in Megiddo (Israel) einen gewaltigen Sprung. Archäologische Funde schließen die Barren und Gefäße aus Farbgläsern ein.

Sumerer verwendeten glasartige Glasur für eine Verfärbung der
konischen Dachziegel ihrer Tempel, und die Alten Ägypter lernten
im 2. Jahrtausend v. Chr. die Glasgefäße aus einem spiralgewickelten Buntglas herzustellen. Die Alten Ägypter kannten noch kein
Verfahren um Hohl- und Flachglas zu verarbeiten. Erst vor ca. 100
Jahre vor Christus verwendeten die Römer das Mundblasverfahren
als eine Technologie, um Flachglas herzustellen. Die Glasmasse
wurde mittels einer Glaspfeife mit großer Sorgfalt geblasen und bearbeitet. Der Glaskolben wurde abgeschnitten und ausgerollt. Die
Glasplättchen werden mittels zwei Hauptverfahren, welche vom
Herausblasen aus dem Klümpchen eine bestimmte Form für die
weitere Bearbeitung abhängig machen, in kleine Partien hergestellt.
Beim ersten Verfahren werden vom Glaszylinder die kleinen
Stückchen abgeschnitten und im warmen Zustand geglättet. Nach
dem zweiten Verfahren wird zuerst ein Kronglas hergestellt. Dazu
wird eine Kugel herausgeblasen, danach wird diese gegenüber
dem Ausgangsloch durchstoßen und mit einer schnellen Drehung
wird die sphärische Oberfläche durch die Zentrifugalkraft geglättet. Beide Verfahren waren aufwendig und machten die Herstellung der Glasfenster im Mittelalter sehr teuer.

Glasherstellung

Um ein Buntglas zu bekommen, wurden der durchsichtigen
Glasmasse die verschiedenen Metalle und Mineralien zugefügt.
Gefäße aus grünem und blauem Glas wurden in Theben und Tell
el-Amarna (Ägypten) während der archäologischen Ausgrabungen
gefunden. Die blauen Gläser waren sehr beliebt und fanden eine
sehr breite Anwendung in Babylon und im Alten Ägypten. In der
chemischen Zusammensetzung besaßen diese Gläser das Cobaltoxid, welches in Form eines Cobaltminerals zugegeben wurde.
Ägypten hatte keine eigenen Cobaltmineralien, welche bei der Herstellung des blauen Glases als Zugabe in die geschmolzene Glasmasse notwendig war.

Ohrschmuck. Ägypten, 18/19. Dynastie, Mitte 14. - Mitte 11. Jh. v. Chr. Glasmuseum, Düsseldorf.

Deswegen wurden Cobalterze aus Iran angeliefert, wo sie in der Nähe von dem Dorf Qamsar in einer Form von Sulfiden- und Arsen-Sulfiden-Mineralen, wie Erythrin $Co_3(AsO_4)_2 \times 8H_2O$ gewonnen wurden.

Das erste bekannte „Handbuch" über Glasherstellung ist die Tafel aus der Bibliothek des Königs Assurbanipal des Assyrischen Reiches von 650 v. Chr.

Die Glasproduktionen wurden in der Nähe von Lagerstädten, wo der Quarzsand gewonnen wurde, aufgebaut. Weil Glas aus reinem Quarzsand bei der Temperatur von 1600°C schmelzen kann, war im Altertum und Mittelalter das Erreichen so hoher Temperaturen im Ofen sehr problematisch.

Amphoriskos. Östliches Mittelmeergebiet, 5. - 4. Jh. v. Chr. Glasmuseum, Düsseldorf.

Mineralien Talk, Cuprit, Manganit, Braunerz. *Naturwissenschaftliches Museum, Brüssel.*

Um die Schmelztemperatur zu senken, fand man die Lösung durch Zugaben von Karbonaten. Wenn zum Quarzsand Soda Na_2CO_3 zugeben wird, kann Glas bei einer Temperatur von 1200 bis 1300°C geschmolzen werden. Diese Gläser wurden unter den Atmosphäreneinflüssen leicht zerstört. Für eine Verbesserung der Glaseigenschaften wurde in die geschmolzene Glasmasse als eine dritte Komponente Kalk, Kalkstein oder Kreide zugegeben. Sie alle haben dieselbe chemische Formel $CaCO_3$.

Mineralische Farben. *Archäologisches Museum, Neapel.*

In der Schmelze zersetzen sich das Natrium- und das Kalzium-
karbonat gemäß den Gleichungen:

$$Na_2CO_3 \rightarrow Na_2O + CO_2 \quad \text{und} \quad CaCO_3 \rightarrow CaO + CO_2$$

Nach diesen Reaktionen bilden sich Silikate, mit anderen Worten die Natrium- und die Kalziumsalze der Kieselsäure.

Beim Schmelzen von Glas wird als erstes ein Alkalimetalloxid
geschmolzen, danach Kalkstein und als letztes Quarz. Je mehr Alkalimetalle im Glas sind, desto niedriger ist die Schmelztemperatur. Im Alten Ägypten waren in der Glasherstellung meistens Re-
zepturen mit einem höheren, bis zu 30 Massen-% Anteil an Oxiden
der Alkalimetallen und einem kleinen Kalkanteil (von ca. drei bis
5%). In Hellenismus, als die Schmelztechnik verbessert wurde,
wurde der Anteil der Oxide der Alkalimetalle auf 16 bis 17% ge-
senkt und der des Kalks auf 10 Massen-% erhöht. In Hellenismus
fand eine weitere Entwicklung der Glastechnologie mit Farbmi-
schung, um eine Mosaikstruktur zu bekommen, statt.

In den Städten gab es die Glashütten, in denen das Glas oft in
Barrenform bearbeitet wurde. Glasbarren wurden durch das Ausgießen der Schmelze und danach durch Ausrollen des geschmolzenen Glases in einer Tonform hergestellt. Nach diesem Verfahren
hatte das Glas eine ca. 10 Millimeter Dicke und eine Fläche von einem halben Quadratmeter. Da die, an der Form anliegende Glas-
seite sehr rau war, war das Glas nicht durchsichtig.

Solche Barren wurden zum Beispiel in einem gesunkenen spät-
bronzezeitlichen Segelschiffe aus dem 14. Jahrhundert v. Chr. in
Uluburun vor der Südwestküste der Türkei gefunden. Das Schiff
wurde mit 354 Kupferbarren (insgesamt ca. 10 Tonnen), ca. einer
Tonne Zinnbarren und ca. 350 kg Blauglas beladen. Das Glas
stammte aus Ägypten und das Kupfer aus Zypern (die Herkunft
konnte durch Isotopenanalyse geklärt werden). Die Zinnbarren
stellen den bisher ältesten bekannten Fund dar, und die Herkunft
des Zinns ist bis heute noch nicht geklärt. Altassyrische Quellen legen nahe, dass Zinn damals bereits lange aus dem Osten - vielleicht
aus Zentralasien - eingeführt wurde.

Glaskunst und die ersten Glasfenster

Gemäß der Fragmente des Buntglases, welche bei Ausgrabungen gefunden wurden, gab es schon primitive Glasfenster im Alten Ägypten im 2. Jh. v. Chr. und im Alten Rom im 1. Jh. n. Chr. Da nach einigen Literaturquellen in der Epoche des früheren christlichen Glaubens die Buntglasstückchen unterschiedlicher Größen mit anderen in den Holzrahmen oder mit Spachtel / Putz befestigt wurden, waren die Formen der Glasfenster stark begrenzt. Es gibt keine sicheren Beweise, wann und wo zum ersten Mal der Bleisteg für die Befestigung einzelner Teilen von Glasfenstern verwendet wurde. Das war eine großartige Erfindung, weil Bleiduktilität die verschiedenen Formen des Glasfensters erlaubt. Im Imperium Romanum befinden sich römische Bleibergwerke östlich Bordeaux, am Mittellauf der Donau, bei York (Britannia). Bei archäologischen Ausgrabungen wurden in Jarrow in Nord-Ost England Bleistegen und farblose Glasstückchen verschiedenster Form gefunden. Da Blei leicht bearbeitet werden kann, wurde es deshalb dort eingesetzt, wo gerade dies wichtig war (wie z. B. bei der Herstellung von Bleirohren oder Bleistegen). Nach den Angaben von Diodorus Siculus (erste Hälfte des 1. Jahrhunderts v. Chr.) lagen die bedeutendsten Bleiminen Spaniens in der Provinz Murcia. Hier wurden zahlreiche römische Bleibarren gefunden.

Glaskunst besitzt einen ganz besonderen Platz in dem Arsenal der Kunstform. Wenn ein Lichtstrahl durch ein Buntglas fällt, verfärbt sich dies durch die Glaseigenschaften in saftige Töne, und die Farbenpracht erzeugt eine mystische bis feierliche Stimmung.

Der römische Dichter Prudenz (348 - nach 405 n. Chr.) verglich nach seinem Besuch des Hofes des weströmischen Kaisers Flavius Honorius (384 – 423 n. Chr.) die Buntgläser im Fenster mit eindrucksvollsten Blumen. Der Dichter und Bischof von Poitiers Venantius Fortunatus (um 540 – 610 n. Chr.) macht in seinen Versen die Personen berühmt, welche eine Basilika mit Buntgläser schmückten und beschrieb den Effekt der ersten Sonnenstrahlen in den Fenstern der Kirche St-Jean in Poitiers. Im 5.- 6. Jahrhundert schmückten die Glasfenster die Kirchen in den Städten von Gallien, danach erschienen sie in Deutschland und England.

In Europa sind die ältesten erhalten gebliebenen Bleiglasfenster in der Kirche San Vitale in Ravenna und stammen aus dem 6. Jh. n. Chr. Sie bestehen aus einzelnen farbigen und farblosen Glasplättchen, die mittels Bleistegen mit einander befestigt sind. Leider gibt es heute praktisch kein vollständiges Exemplar, welches in der Epoche des frühen christlichen Glaubens bis 11. Jahrhundert gemacht wurde.

Der Stil des Bleiglasfensters hat sich in den verschiedenen Epochen ständig geändert und weiter entwickelt, die Technik blieb aber bis heute fast unverändert: Die Verwendung von Bunt- und Mehrschichtgläsern und Glasmalerei mit Farben auf Mineralienbasis.

Herstellung der Gläser und romanischen Buntglasfenster

Erst aus dem 10. Jahrhundert stammen eindeutige Berichte, dass Bleiglasfenster hergestellt wurden, beispielsweise war die Kirche von Fleury-sur-Loire in Frankreich mit solchen Fensterverschlüssen ausgestattet.

Im romanischen Stil des 11. Jahrhunderts verfügt das Bleiglasfenster in seiner klassischen Form über Buntgläser, die mit einem Bleisteg zusammengefasst sind. Zu diesem Stil gehört das Herstellungsverfahren des dünnen Flachglases und der Arbeitsverteilung zwischen einem Glasmacher und Meister des Bleiglasfensters.

Das mittelalterliche Buntglas ist in Abhängigkeit vom Ort und von der Zeit seiner Herstellung in seiner chemischen Zusammensetzung sehr unterschiedlich. Der Prozess fängt mit einer Schichtvorbereitung für die Glasschmelze an.
Bei der Glasherstellung wurde Kieselsäure mit alkalischem Flussmittel (Asche) vermischt, in einen Schmelzbehälter (einen Hafen) gegeben und bei einer Temperatur von 1200°C bis 1600°C im Ofen geschmolzen.

Krönung Mariens oder der Kirche.
Aus dem Straßburger Münster,
2. Viertel des 12. Jh.
Museum Notre Dame, Straßburg.

    Als Kieselsäure verwendete man meist Quarzgestein, welches zu Pulver zerrieben wurde. Um die Schmelztemperatur des Siliciumdioxids zu reduzieren, wurde dem feinen Flusssand Kaliumcarbonat aus der Buchholzasche sowie Kalk zu gegeben. Da die Kalkkonzentration in der Holzasche so hoch war, musste dem Glasgemenge keinen weiteren Stabilisator bei gemengt werden. Später war die Zugabe von Kalk unerlässlich. Allgemein war die chemische Beständigkeit und damit die Widerstandsfähigkeit des Glases gegen Verwitterung wesentlich geringer als unsere heutigen Flachgläser. Die Ursache dafür liegt in der Art und im mengenmäßigen Verhältnis der verwendeten Rohstoffe, die im Mittelalter verwendet wurden. Im Vergleich zur modernen Technologie wurden die erheblich niedrigeren Schmelztemperaturen angepasst.

Kaiser Majestät. 1190 - 1200,
komplett 14. Jh.
Museum Notre Dame, Straßburg.

Ferner spielt die Verfügbarkeit der Rohstoffe eine große Rolle. Die zahlreichen röntgenographischen Analysen zeigen, dass das mittelalterliche Glas sehr große Schwankungen in den Anteilen hat. Es weist einen geringeren Gehalt an Siliziumdioxid (45 bis 60 Massenprozent SiO_2) auf, dafür jedoch einen höheren Gehalt an Kalziumoxid (oft um 20 Massenprozent CaO) und vor allem sehr hohe Alkalioxidgehalte (oft weit über 20 Massenprozent, die infolge der Verwendung von Pflanzenaschen als Flussmittel fast ausschließlich als K_2O im Glas vorliegen. Insbesondere die hohen Kaliumoxidgehalte sind ursächlich für die geringe Beständigkeit der Glasoberfläche gegen einen hydrolytischen Angriff. Zum Vergleich hat ein modernes Flachglas mit einer durchschnittlichen chemischen Zusammensetzung (Hauptbestandteile) von 70 bis 74 Massenprozent SiO_2, 12 bis 16 Massenprozent Na_2O und 6 bis 10 Massenprozent CaO. Im Kontakt mit feuchter Luft bildet sich sofort eine unsichtbare, sehr dünne, aber chemisch äußerst widerstandsfähige, hoch SiO_2-haltige Schutzschicht auf der Oberfläche.

Selbstverständlich sind je nach den verwendeten Rohstoffen zahlreiche weitere Komponenten in geringen Konzentrationen in den Gläsern vorhanden. Mit wenigen Ausnahmen tragen sie jedoch nur unwesentlich zur Korrosionsbeständigkeit bei. Die Gläser mit relativ hohem Bleizusatz sind ein Sonderfall. Bleioxid wurde als ein Flussmittel mitunter anstelle der Alkalirohstoffe verwendet. So kommen im Bestand der Felder des Erfurter Doms und auch in anderen Objekten einzelne Grüngläser vor, die aufgrund ihrer chemischen Zusammensetzung, insbesondere ihrer hohen Gehalte von dem Bleioxid und dementsprechend weit geringeren K_2O-Gehalten deutlich höhere Widerstandsfähigkeit gegen den korrosiven Angriff haben.

Seine Farbe erhält das Glas über die Zusammensetzung des Gemenges, über Schmelzprozesse und Färbungen. Bereits ein geringer Eisengehalt in den Rohstoffen des Glasgemenges genügt, um Glas grün zu färben, was zu der Bezeichnung Waldglas führte. Erst durch die Verwendung von „Glasmacherseife" (z.B. Braunstein) gelang es, die Glasmasse zu entfärben. Die Zugabe von Mineralien wie Kupferblau (Azurit), Kupfergrün, Kobalt (Blauglas), Mangan (violettes Glas) Kreide (Kristallglas) oder auch Knochen (Milchglas) wurde bereits vor Jahrtausenden aufgebracht und ermöglichte es, Glas unterschiedlich zu färben bzw. die Härte des Glases zu beeinflussen.

Frühes Mittelalter und Bleiglasfenster

In der Romanik waren die Bleiglasfenster bis 6 Meter hoch. Für die Festigkeit und eine bequeme Montage wurden die großen Fenster auf einige Paneele mit Flächen, die nicht größer als einige Quadratdezimeter waren, aufgeteilt. Sie wurden am äußeren Gitter befestigt und von der inneren Fensterseite zu horizontalen Stützen verlötet.

Im 10. - 12. Jh. erschienen in romanischen Kirchen in Frankreich und Deutschland Bleiglasfenster mit Motiven aus roten und blauen Glasstücken. Das durchdringende Licht reflektierte im Fensterglas und füllte das Kircheninterieur in eine geheimnisvolle Atmosphäre. Dieser Eindruck war besonders in den gotischen Kirchen mit ihren hohen Räumen und riesigen Fenstern fühlbar. In der Gotikzeit blieb die Technik des Bleiglasfensters wie in der Romanik und wurde nur durch Glasfarbpaletten ergänzt und die Motive wurden viel komplizierter.

Das genaue Herstellungsverfahren einer Glaswerkstatt beschrieb in der ersten Hälfte des 12. Jahrhunderts der Mönch Theophilus in seinem kunsttechnischen Traktat „Schedula diversarum artium". Nur wenige Hinweise gaben die Quellen preis, alles Weitere musste aus seinem Werk erschlossen werden. Nach seiner Beschreibung wurden vorher geschnittene, auf Kontur mosaikartig und gut zu anderen angepasste Buntglasstücke am Rand mit schmalen H-formigen Bleistegen eingewickelt. Danach wurden diese auf einem Tisch ausgelegt und dicht zu einem Gesamtbild zusammengesetzt. Als Letztes wurden die Bleistege von beiden Seiten des Glases gelötet. Die dünnen Bleistege konnten beliebig gebogen werden und erlaubten eine freiere Gestaltung der Bleiglasfenster. Daraus geht hervor, dass sich bis heute die einzelnen Arbeitsgänge kaum verändert haben.

Die Glasstücke hatten eine ungleichmäßige Dicke und raue Oberfläche. Solche Glasdefekte wie Luftbläschen oder Quarzsandteilchen verstärkten den Effekt von Buntgläsern, weil sie unberechenbar Lichtstrahlen brachen und zerstreuten. Im frühen Mittelalter wurden die Bleiglasfenster aus reinen Farbgläsern zusammengesetzt: Meistens wurden blaue, gelbe, rote, grüne und weiße Farben verwendet und durch farblose (Kathedrale Notre-Dame de Paris) ergänzt. Um eine feine Farbpalette zu bekommen, wurde auf einfarbiges Glas ein Glasplättchen mit einer anderen Farbe gelegt. Um ganz bestimmte Töne zu erreichen, verwendeten die Glasmacher im Mittelalter ein Auflegen bis zu 48 Schichten der Gläser von unterschiedlichen Farben. Im Bleiglasfenster der Kathedrale Notre-Dame von Chartres gibt es Stellen, die aus 27 aufeinanderfolgende rote und farblose Glasschichten bestehen.

Im früheren Mittelalter Altertum wurden ganze Bleiglasfenster oder seine Fragmente in originaler Größe aus Buntgläsern hergestellt. Danach wurden die kleinen Fragmente des Gesichtes, der Hände und Ornamente zusätzlich auf die Glasstückchen gemalt. Später wurden neben Buntgläsern Gläser, die mit Farben bemalten wurden, verwendet: Die ältesten bemalten und gebrannten Fragmente der Glasmalerei, die im Kloster Lorsch am Rhein bei archäologischen Ausgrabungen gefunden wurden, schätzt man auf das 9. oder 10. Jahrhundert n. Chr.

Im Mittelalter benutzte ein Glasmacher mit eigener Glashütte matte Farben auf der Basis von Kupfer- und Eisenoxiden. Sie wurden zusammen mit zerriebenem Glas und Zugaben von Naturharz und Pflanzengummi, für die Komponentenbindung vermischt und zusätzlich mit Wasser, Wein oder Öl in Form von Brei auf das Glas aufgetragen. Nach dem Trocknen wurde das gemalte Glas im Ofen auf einer Trägerscheibe eingebrannt um die Farben mit der Glasoberfläche zu verschmelzen.

Für eine Ausführung der Bemalung diente das sogenannte Schwarzlot. Das ist ein leicht schmelzbarer Glasfluss, der mit Farbsubstanzen vermischt wird. Zum Auftragen des Lots benutzte man flache und spitze Pinsel, weiche und harte Bürsten, sowie Punktierpinsel. Der Maler kann damit kräftige Konturen, halbdeckende Lasuren und Schattierungen auf das Glas bringen. Eine Nadel wird zum Auskratzen von Linien verwendet. Das Lot erscheint nur in der Durchsicht schwarz, die Substanz selbst sieht je nach ihrer Zusammensetzung bräunlich oder grauschwarz aus. Im Jahr 1300 kam die sogenannte Silbergelb-Technik zum Einsatz. Sie besteht aus feingestoßenem Silberstaub und hinterlässt beim Einbrennen auf weißem Grundglas eine transparent bleibende gelbe Färbung.

Das Gastmahl in Bethanien. *Maria Magdalena trocknet Christus die Füsse. Um 1250, aus Haguenau Madelonettenkloster. Museum Notre Dame, Straßburg.*

Nach der künstlerischen Behandlung des Glases schließt sich
eine Reihe von handwerklichen Arbeiten an. Das Lot wird durch
Brennen bei einer Temperatur von etwa 650°C fest mit der Glasoberfläche verbunden. Die einzelnen Glasstücke bekommen dann
durch die Verbleiung einen sicheren Halt. Der Gläser führt die Bleistege mit zwei gegenüberliegenden Nuten - geschickt um die kleinen und großen Glasstücke die, fortlaufend aneinander gefügt,
schließlich einen Bildzusammenhang ergeben.

Eins aus den ältesten übrig gebliebenen Bleiglasfenstern der Romanik ist ein wunderschönes und geheimnisvolles Bleiglasfenster von
Christ de Wissembourg aus der Kirche St. Peter und Paul in Wei-
ßenburg im Elsass.

Die Konturen des Kopfes wurden mit dunkelbrauner Farbe auf einem weißen durchsichtigen Glas gemalt. Zurzeit wird dieses Fragment auf den Anfang des 12. Jahrhunderts datiert, und gibt es bis
heute keine sichere Information, wo dieses Fenster anfänglich aufgestellt wurde.

Die Fenster in den romanischen und byzantinischen Tempeln
waren zu klein, daher wurden die Wände mit Mosaiks und Fresken geschmückt. Im 12. Jahrhundert wandelte sich der romanische
zum gotischen Baustil. Die Konstruktionen der Kirche änderten
sich: Die Last der Dächer wurde auf Kolonne und Strebewerk übertragen. Dies erlaubte es, die Wände von der Last zu befreien, und
große Fenster mit Buntgläsern einzubauen. Mosaiken und Fresken
räumten sehr schnell ihren Platz für Bleiglasfenster. Das Licht wurde zum ersten Mal ein Hauptelement des Interieurs in der westlichen kirchlichen Architektur.

Abt Suger als Vorreiter der Gotikarchitektur

Ein Vorreiter in der Gotikarchitektur war der Abt Suger. Unter seiner Leitung wurde im Jahr 1144 die Apsis der königlichen Klosterkirche Saint-Denis gebaut. Ihm gelang es, in Saint-Denis eine göttliche Beleuchtung und das natürliche Licht zusammen zu stellen.

Es wurde deshalb überwiegend im sakralen Bereich verwendet.
Die Lichtdurchlässigkeit und Farbigkeit hat Abt Suger als spezielle
Anforderung an das Material gestellt. Nach seinen Worten „übertragen ihn die innere Ausstattung der Abtei irgendwo zwischen
Gipfel des himmlischen Ruhmes und irdischer Schande hin". Die
ganzen freien Flächen der gedeckten Galerie Saint-Denis wurden
für Bleiglasfenster genutzt, die Licht und Farbe wunderbar ver-
mischten. Die Kirchenfenster wurden mit den Reihen der Rondelle
und Medaillons aus Buntgläsern gefüllt.

In jedem Medaillon sind wichtige historische Episoden, wie zum
Beispiel die Lebensbeschreibungen einiger Heiligen, von Maria,
Christus und deren Stammbäume und - möglicherweise - des ersten Kreuzzugs und die Geschichte von Karl dem Großen eingelas-
sen.

Die Erfindung von Suger, ein Fenstermedaillon mit Bildge-
schichten, hatte einen starken Einfluss auf die Glasfensterkunst der
zweiten Hälfte des 12. Jahrhunderts. Eine Beschreibung der heiligen Themen auf Buntgläsern war gleich einem Äquivalent der
Handschriften mit der Lebensbeschreibung christlicher Heiligen.

Ende des 11. - Anfang des 12. Jahrhunderts entstanden die Bleiglasfenster mit vier Propheten im Augsburger Dom. Die gut erhaltenen Figuren sind wohl die ältesten, vollständig intakt gebliebenen gemalten Buntglasfenster mit Bleistegen der Welt. Seit Entstehung der Bleiverglasung und Glasmalerei waren die Kirchen die
wichtigsten Arbeitsstätten der Glasmaler. Im 11. und 12. Jahrhundert erlebten die Glashütten und die Glaswerkstätten ihre große
Blütezeit. Die aufwändigen bunten Bleiglasfenster der Kathedralen
bildeten den Höhepunkt gotischer Architektur und beeindrucken
noch bis heute. Im 12. Jahrhundert erschienen die romanischen
Bleiglasfenster gleichzeitig mit den Änderungen der Stilepoche der
kirchlichen Architektur. Die Gegenstände dieser Periode befinden
sich in der Kathedrale Saint-Julien du Mans in Frankreich. Ungefähr 1120 entstanden die lebendigen Figuren von Maria und dem
Apostel von der Himmelfahrt Christi.

Abt Sugerius von Saint-Denis.
Fenster in der Kathedrale von
Saint-Denis, 1300. (Wikimedia Commons).

Karl der Große, *Anfang*
15. Jh. Schatzkammer des
Petersdoms, Osnabrück.

Diese haben einen starken Kontrast zur statischen Komposition der Propheten aus dem Augsburger Dom.

Glasgemälde mit dem Mahl der Vorgesetzten der Schneiderzunft.
Basel, 1554. Historisches Museum, Basel.

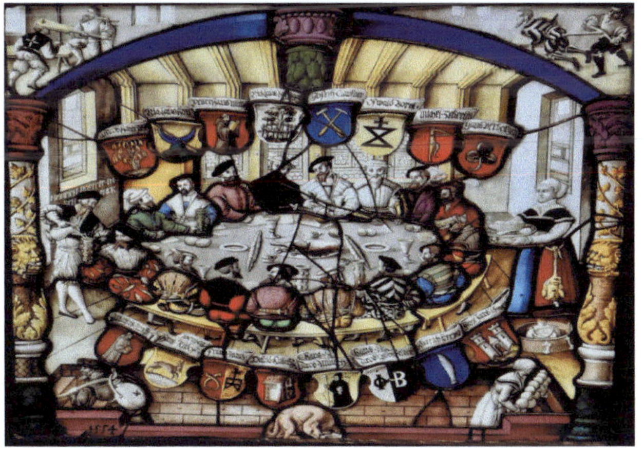

In den Kirchen, wie Basiliken in Chartres und Poitiers, die nach
1130 gebaut wurden, wurden in ihrer schweren Struktur ungewöhnlich große Fenster verbaut. Ein typisches Ensemble, welches
normalerweise in westlichen oder östlichen Kapellen gebaut wurde, besteht aus drei Fenstern, die die Dreieinigkeit symbolisieren.
In Poitiers ist im Fokus der Apsis das Bleiglasfenster aus der zweiten Hälfte des 12. Jahrhunderts mit außergewöhnlichen Ausmaße
(8,35 m x 3,10 m). Das Meisterwerk der Glasmalerei, nach dem zentralen Motiv als Kreuzigungsfenster genannt, ist in drei Hauptre-
gister untergliedert, die von unten nach oben die Martyrien der
Heiligen Petrus und Paulus, darüber Jesus am Kreuz und ganz
oben die Himmelfahrt Christi zeigen. Die großen Bleiglasfenster erschienen mit Abbildungen von Christus und Personen aus der Bibel in den Kirchen in Frankreich, Deutschland und England.

Die Blütezeit der Kunst des Glasfensters fing in der Epoche der
„großen Tempel" im 12. Jh. an. In dieser Zeit begann das Bauen der
Dome in Chartres, Reims, der Kathedrale Notre-Dame de Paris, des
York Münsters in England und Kölner Doms in Deutschland an.
Als eine Dominante des Tempels dienen die Bleiglasfenster.

Gewöhnlich hatten die Kirchen auf Umriss die großen Maß-
werkfenster und in dem Frontteil eine große runde Fensterrose,
welche in Sektoren geteilt wurde. Solche eine Fensterrose ist ein
prägnantes Symbol der Gotik.

Der Stil "Saint-Denis" wurde als eine Alternative des romanischen Stiles bis Ende des 12. Jahrhunderts unter den Glasmachern
in Frankreich und England weiter entwickelt und stark verbreitet.
In der Mitte des 12. Jahrhunderts wurde in England der Bau des
York Minsters (The Cathedral Church of St. Peter) begonnen.

Zu den ersten Bauwerken der reinen Gotik gehören die Kathedralen von Notre-Dame de Paris und von Canterbury. Während
des zweiten Umbaus in Canterbury von 1178 - 1206 und 1213 - 1220
bekamen der Chor der Trinitätskapelle, die Apsis und die östliche
Krypta, mit sterblichen Überresten von Thomas Becket (ca. 1118 -
1170) die neuen Bleiglasfenster mit historischen Motiven.

Zum Architekturdenkmal der Mittelgotik gehört die Kathedrale Notre-Dame von Chartres. Der größte Schatz der Kathedrale in Chartres sind die Fenster, die beinahe komplett mit Glasmalereien versehen sind und aus der Zeit zwischen 1200 und 1240 stammen. Es finden sich dort 186 Fenster mit einer Fläche von rund 6.700 Quadratmetern. Darunter sind 152 echte mittelalterliche Fenster. Die restlichen entstammen einer Restaurierungsphase aus der Zeit um 1753.

Die drei großen Rosettenfenster in der Westfassade und in den Fassaden der Querhausarme zeigen das Jüngste Gericht (Westen), die Glorifizierung der Jungfrau Maria (Norden) und die Glorifizierung Christi (Süden). Diese Arbeiten sind technisch und symbolisch sehr kompliziert. Die Hauptfiguren waren immer die Madonna oder Christus im Himmel mit den konzentrischen Symbolreihen. Das älteste Fenster ist das Westfenster unter der großen Rosette, welches um 1150 angefertigt wurde und den Brand von 1194 überstand.

Der vorherrschende Farbton der Fenster in Chartres ist blau. Ein Fenster, welches die Madonna zeigt, bekam sogar den Namen blaues Jungfrauen-Fenster.

Unterschiedliche Varianten der Fenster in Chartres dienten als Vorlage für die in einer Form des lateinischen Kreuzes später gebauten Dome oder Kathedralen.

In der Regierungszeit von Ludwig IX. von Frankreich (1220 - 1270) bekamen die Bleiglasfenster im Rahmen des französischen „Königshofstils“ eine feine Farbharmonie. Die verdünnten äußeren Strebewerke des Chors der Kathedrale Notre Dame d'Amiens von circa 1230 erlaubten eine maximale Vergrößerung der Fenster. Die feinen, durchbrochenen Geflechte aus Stein, die die oberste Fensterreihe ausstatteten, hatten ein verschnörkeltes Ornament. Die dichte rote und blaue Farbe vom Chartres Fenster wechselte zu leichterer Farbe mit weniger Kontrasttönen.

Die Bleiglasfenster der französischen Gotik bildeten den Anfang des Stiles, den man - genau wie die neue Kirchenarchitektur - von den nationalen Wurzeln leicht trennen konnte. Der gotische Stil verbreitete sich sehr schnell über die Grenzen von Frankreich nach Deutschland, in zentraleuropäische Länder und nach Nord Spanien.

Entwicklung der Buntglasfenster in Europa

In der zweiten Hälfte des 13. Jahrhunderts wurde in Europa der „Königshofstil" des gotischen Bleiglasfensters geändert. Die großen Kompositionen wurden auf zwei bis mehrere Fenster verteilt, und es wurden öfter Grisaillen verwendet. Die Höhe der obersten Fensterreihe betonen die inneren vertikalen Zwischenwände aus Stein. Diese Neuigkeit beeinflusste die Art des Figurenaufstellens stark. Neben den traditionellen Elementen der Erschaffung von historischen Medaillons verwendeten Glasmacher die freie Fensterfläche öfter für räumliche Kompositionen. Man kann sagen, dass eine Begrenzungsaufhebung der Fenstergröße zur freien Motivauswahl führte. Besonders beliebt wurden die dramatischen „Baldachinfiguren".

In die Motivpalette wurden, außer traditionellen Begebenheiten aus dem Leben von Propheten und Heiligen, auch der Könige und Königinnen aus der europäischen Geschichte eingeschlossen. Sehr oft wurden in einem Fenster mehrere vertikal aufgestellte Figuren untergebracht.

In Italien wurden die Bleiglasfenster von Malern anstatt von Glasmachern, wie in Nordeuropa, hergestellt. Ein gutes Beispiel der italienischen Schule befindet sich in der Basilika di San Francesco in Assisi.

Die größten italienischen Meister wie Duccio di Buoninsegna, Simone Martini, di Antonio da Pisa drückten in ihren Bleiglasfenstern eine Empfindung des Volumens und der Perspektive aus. Ein gutes Beispiel ist das Rundfenster „Mariäs Aufnahme in den Himmel" des Doms zu Siena, das 1289 von Duccio di Buoninsegna entworfen wurde.

Ablagerung von Andrea del Castagno. 1444, Duomo, Florenz.

Hans Baldung Grien, 1524 - 1525. Werkstatt des Hans Gitschmann von Rappolstein. St. Nikolaus Kirche, Elzach.

Im 14. Jahrhundert stellte di Antonio da Pisa ein Traktat „Il trattato di Antonio da Pisa sulla fabbricazione delle vetrate artistiche" über die Herstellung von Bleiglasfenstern seinen Zeitgenossen vor. Der Autor machte in diesem Traktat Vorschläge, welches Glas für ein Fenster ausgewählt und nach einer Kontur geschnitten werden sollte und wie die einzelnen Glasstückchen mit einander durch H-förmige Bleistege zu verbinden seien. Außerdem beschrieb er verschiedene Techniken der Restaurationsarbeit, um den Bleiglasfenstern ihre Schönheit zurückzugeben. Im Traktat wurden die Geheimnisse der Herstellung von komplizierten Bleiglasfenstern und auch die natürlichen Mineralien beschrieben, die einer geschmolzenen Glasmasse zugefügt werden sollten, um eine ganz bestimmte Farbe zu bekommen.

Im 14. - 15. Jh. entwickelte sich in England (Glasfenster der Westminsterabtei in London, die Kathedrale von St. Davids in Wales) und auch in der Reihe anderer europäischer Länder die Kunst der Herstellung des Buntglases weiter. Sie verloren eine spezifische, für das Mittelalter eindimensionale Ebene, die kleinen Formen. Langsam spielte die Malerei in den Bleiglasfenstern eine große Rolle. Die Glasmacher mussten mehr mit Malern zusammenarbeiten, weil für das Glasfenster öfter Malereien statt Buntgläser verwendet wurde.

Im 15. Jh. waren Bleiglasfenster weit verbreitet. Nur Fenster aus Buntgläsern mit Grisailletechnik, bei denen weiß-milchige Glasscheiben mit verschiedensten Formen pflanzlicher Ornamente wie Ranken und Blattwerk mit brauner und schwarzer Farbe bemalt wurden, kamen weiterhin zum Einsatz.

Trotz vieler Katastrophen des 14. - 15. Jahrhunderts, wie zum Beispiel der hundertjährige Krieg zwischen England und Frankreich und der schwarzen Pest, breitete sich die intellektuelle Renaissance des modernen Europas weiter aus.

Die farbigen Verglasungen in den Kirchen und Profangebäuden waren zu jeder Zeit in ihrem Bestand gefährdet. Im Mittelalter sorgten eigens dafür angestellte Glaser für die Instandhaltung. Doch schon gegen Ende des 15. und erst recht 16. Jahrhunderts begannen die Glasmalereien zu verfallen.

Die raumverdunkelnden farbigen Fensterverschlüsse mussten oft den lichtspendenden Blankverglasungen weichen.

Die traditionelle Herstellung von Bleiglasfenstern wurde modernisiert. Es wurde ein neues Verfahren, das Silberätzen, entwickelt welches erlaubte, einen technischen und ästhetischen Umschwung in der Glaskunst durchzuführen. In der Spätgotik und Renaissance spielte das Silberätzen eine besondere Rolle in der Entwicklung des Glasfensterdesigns. Zum ersten Mal gab es eine Möglichkeit, gesättigte Töne direkt auf Glasflächen zu bringen. Durch Auftragung von einem dünnen Film des Silberätzens erhielten die Glasoberflächen eine gelb bis dunkel-orangene Farbe. Das war bequem, um Goldsachen zu zeigen, wie zum Beispiel eine Krone.

Im 15. Jahrhundert wurde das Bleiglasfenster viel komplizierter als früher. Da die Maler die bleichen Farben und die großen Bilder für die ganze Fensterfläche verwendeten, wurden neue Methoden der Farbverbesserung entwickelt, und noch häufiger wurde Weißglas verwendet. Mit der Verabschiedung der Gotik verblieben die Glasfenster als eine spezifische Form der angewandten Kunst in Nordeuropa. Wie auf den Bleiglasfenstern der Klosterkirche Königsfelden im Schweizer Kanton Aargau zu sehen ist, verwendeten die Maler aus Nordeuropa diese Neuigkeiten in eigenen, örtlichen oder einheimischen Stilen. Im Jahr 1430 hat Hans Acker die Bleiglasfenster für die Bessererkapelle des Ulmer Münsters in Deutschland geschaffen, die wegen ihrer wunderschönen Kombinationen der Dekorfarbe und der Form weltbekannt sind. Der Maler Belbello da Pavia aus Norditalien war der Gestalter der Propheten und anderer Figuren für die neue Basilika in Mailand.

Obwohl sich in Italien die Bleiglasfenster wegen des sonnigen Klimas nicht so wie in Nord- und Zentraleuropa durchsetzten, gibt es in Italien viele wunderschöne Bleiglasfenster. Im Gegensatz zu Nordeuropa, wurden die Bleiglasfenster in Italien von Malern oder Bildhauern hergestellt. Die italienischen Bildhauer und Maler Lorenzo Ghiberti, Bernardo di Francesco, Donatello, Paolo Uccello und Andrea del Castagno entwickelten wunderschöne Muster für die Herstellung der Panoramafenster in der Kuppeltrommel der Kathedrale Santa Maria del Fiore in Florenz. Die Farbpalette der Bleiglasfenster waren das Ergebnis einer engen Zusammenarbeit der Glasmacher und Künstler.

Unter den besonderen Neuheiten der Frührenaissance sind die Medaillons des Silberätzens. Sie erschienen zuerst in England und hatten sehr selten einen Durchmesser über 30 Zentimeter. Sie waren schnell einem unerlässlichen Attribut der Glaskunst in Flandern.

Die Glasmacher benötigten verschiedene Kombinationen der Farben und Motive, um ein neues Ornamentglas herzustellen. In den früheren Bleiglasfenstern waren die seitlichen Schmuck- und Dekorelemente, sowie die umringenden Motive, mit den danebenliegenden Bleiglasfenstern verbunden. In dieser Zeitperiode basierte das Ausfüllprinzip der Glasfensterfläche auf einer stufigen, von oben nach unten Anordnung der Motive. Die wichtigsten waren Bibelthemen: Maler zeigten die Motive aus dem Leben der Heiligen und Bilder von den Taten Gottes. Ein wichtiger und weit bekannter Ort in der Entwicklung der deutschen Glasmalerei war damals die Werkstatt der Heiligen Cäcilia bei Köln. Sie stellte die berühmtesten Bleiglasfenster für das gleichnamige Kloster, welches zerstört wurde, her. Einige Bleiglasfenster wurden aufbewahrt und in der Sakramentskapelle des Kölner Domes eingebaut.

Anwendung der Metalle für Glasfärbung

Im Mittelalter wurde das Glas in Tontöpfen in einem sphärischen Ofen geschmolzen. Um eine Glasfarbe zu bekommen, wurde ein Gemisch aus pulverisiertem Metalloxid (Farbmittel) in eine geschmolzene Glasmasse gegeben. Die breite Farbpalette der Gläser wurde mit der Verwendung von circa zehn Farbstoffen hergestellt. Dazu zählten Eisen, Mangan, Kupfer, Nickel, Kobalt, Gold, Silber, Blei, Antimon und später noch Chrom. Meistens zeigten die Elemente ihre Farbeigenschaften nur bei einem Verbund mit Sauerstoff, das bedeutet in Form von Oxiden. Viele Metalle enthalten eine wechselnde Wertigkeit. Sie können sich mit verschiedenen Sauerstoffmengen verbinden. In Abhängigkeit von dem Oxidationsgrad besitzt jede Verbindung eine eigene Farbe. Mit anderen Worten beeinflussen die Oxidation-Reduktion-Prozesse die Glasfärbung.

Eisen verfärbt die Gläser in Gelb und hellblau. In Abhängigkeit von einem Verhältnis zwischen dem Eisen(II)-Oxid und Eisen(III)-Oxid verfärbt sich das Glas in verschiedene Grüntöne (von bläulich grün bis Gelbgrün). Fe(II)-Ionen absorbieren gut die Lichtstrahlen mit einer Wellenlänge von ca. 600 Nanometer (gelbe und rote) und färben das Glas in Blau. Fe(III)-Ionen absorbieren die Lichtstrahlen mit einer Wellenlänge von 500 Nanometer (blaue und violette) und färben das Glas gelb. Es ist wichtig zu sagen, dass Fe(II)-Ionen in dem sichtbaren Wellenlängenbereich spezifische Absorptionsvermögen um ca. 10 Mal höhere als Fe(III)-Ionen haben. Da sich in dem Glas gleichzeitig weder Fe(II)- noch Fe(III)-Ionen befinden können, geben sie dem Glas eine grünliche Farbe (Flaschenfarbe). Im Mittelalter war wegen technischer Probleme eine Glasmasse von Eisenverunreinigung zu befreien sehr schwierig ein durchsichtiges oder farbloses Glas zu schmelzen.

Es gibt chemische sowie physikalische Methoden Glas zu entfärben. Nach dem chemischen Verfahren wird versucht, das ganze Eisen in eine Form von Fe(III) umzuwandeln. Dazu gibt man Oxidationsmittel wie Nitrate der Erdmetalle, auch Arsen(III)-Oxid und Antimon(III)-Oxid in die Schicht. Das chemisch entfärbte Glas hat wegen der Fe(III)-Ionen nur eine leicht gelblich-grünliche Farbe, besitzt aber eine gute Lichtdurchlässigkeit. Bei der physikalischen Entfärbung werden einige Farbstoffe wie Kobalt-, Nickel- und Manganoxide dem Glas, welche die zusätzlichen Töne bringen, zugegeben. Das Ergebnis der doppelten Absorption ist ein farbloses Glas mit gesunkener Lichtdurchlässigkeit. So muss man die durchsichtigen und entfärbten Gläser unterscheiden, weil diese Begriffe unterschiedlich sind.

Eine Gold- bis Bernsteinfarbe hängt von der Bildung des Eisensulfides FeS ab:

$$FeO + S + CO \rightarrow FeS + CO_2 \uparrow$$

Schwefel wird einem Glas mit dem Eisenoxidgehalt von zwei bis 10 Gramm pro Kilo der Glasmasse zugegeben.

In purpur-violetter Farbe wird das Glas mit Mangandioxid mit einer Menge von 30 bis 50 Gramm pro Kilo der Glasmasse gefärbt. In der Schicht wird ein natürliches Mineral Pyrolusit, welches grundsätzlich aus dem Mangandioxid besteht, zugegeben. Bei einem Sauerstoffmangel könnte das Mangandioxid sich bis zum Manganoxid reduzieren. In diesem Fall verschwindet die Glasfarbe. Deswegen ist es notwendig, die Glasschmelze unter einer Oxidationsbedingung durchzuführen. Es ist auch möglich, in die Glasschmelze Kaliumpermanganat $KMnO_4$ statt Pyrolusit zu geben.

Das Mangandioxid gibt dem Natrium-Kalium-Glas eine rot-violette Farbe und dem Kalium-Zink-Glas eine blau-violette Farbe. Bleioxid verstärkt die Glasfarbe und ergibt grelle Töne.

Fakt ist, dass Kupfer(II)-Oxid dem Glas eine bläuliche, grüne und türkisblaue Tönung gibt, dass Kupfer(I)-Oxid das Glas in blaue Farbe verfärbt, und metallisches Kupfer eine dunkel-rote Farbe erzeugt. Um das natriumhaltige Glas in einem hell-blauen Ton zu färben, braucht man 10 bis 20 Gramm Kupfer(II)-Oxid pro einem Kilo Glas. Im Vergleich mit dem Cobaltoxid ist das Kupfer(II)-Oxid ein viel schwächerer Farbstoff, und für die Glasfärbung braucht man von diesem viel mehr. Der Farbstoff wird in die Schicht als ein reines Kupfer(II)-Oxid oder in Pulver-Form von Kupfersulfat $CuSO_4 \times 6H_2O$ (Blauer Vitriol) zugegeben, der in der geschmolzenen Glasmasse zersetzt wird. Kupfer(II)-Oxid gibt dem Natrium-Kalzium-Glas eine hell-blaue Farbe, in dem Kalium-Zink-Glas mit einer Zugabe von PbO die grüne.

Wenn Kupfer eine Wertigkeit von eins hat, werden die Gläser in gelb-orangen, braun-roten oder dunkel-braunen Tönen gefärbt. Diese Gläser waren sehr schwierig herzustellen, weil sie eine genaue Prozessreproduzierung und eine nachfolgende Thermobehandlung brauchten. Die chemischen Analysen zeigten, dass zu diesen Gläsern ein dunkelrot gefärbtes Glas „Hämatinon" gehört, welches durch eine Zugabe von Kupferoxid hergestellt wurde. Dieses Glas wurde im Altertum von den Römern sehr geschätzt. Von Plinius der Ältere wurde vermerkt, dass dieses Glas zur Herstellung der Mosaike der Vasen verwendet wurde. Dafür musste man reinen Quarzsand zusammen mit kalzinierter Soda, Kupferoxid und Eisenoxidoxydul nebst einer geringen Menge von Magnesium schmelzen und danach langsam abkühlen.

In einigen Fällen spielt eine Thermobehandlung nach dem Schmelzverfahren eine große Rolle. Zum Beispiel verteilt sich Kupfer im Glas, ohne eine Farbe hervorzurufen. Das Glas bleibt farblos und durchsichtig. Wenn dies noch einmal nah der Schmelztemperatur erwärmt und gehalten wird, fallen die mikroskopischen Partikel des metallischen Kupfers im Glas aus. Das Glas bekommt eine rosa Farbe, Kupferkristalline werden vergrößert und ändern die Glasfarbe in eine dichte, dunkel-rote. Dieses Glas heißt Kupferrubin. Ein solches Verfahren ist viel günstiger als die Herstellung von goldenem Glas, und es gibt mehr grelle Farbtöne, verliert aber leider dabei seinen Edelmut und die Tiefe. Kupferrubin enthält circa ein Gramm Kupfer als kolloidale Partikel pro Kilo des Glases. Wenn Kupferrubin weiter erwärmt wird, wachsen die Kupferkristalline auf und das Glas wird trübe. Das Glas bekommt langsam eine grau-braune Farbe, und zum Schluss verändert sich das Glas in eine undurchsichtige, braun-rote farbige Masse. In dieser sind große Kupferkristalline verteilt, welche man gut mit dem bloßen Auge sehen kann.

Es ist nicht einfach, in einer Glasschmelze den einen oder anderen Farbstoff in die benötigte Oxidationsstufe übergehen zu lassen. Dafür muss man die ganze Reihe der Prozessbedingungen, wie zum Beispiel die Glasschmelze in einer Oxidations- oder Reduktionsumgebung durchführen, behalten und mit anderen Worten mit einem Überschuss oder Mangel der Luftmenge, was manchmal nicht ganz einfach ist, festhalten. Oft muss man der Schicht ein Reduktionsmittel zugeben, welches bei der Glasschmelze von dem Farbstoff den Sauerstoff abnimmt, oder ein Oxidationsmittel, welches eine rückgehende Wirkung zum Reduktionsmittel hat. Als Oxidationsmittel werden normalerweise Kalium- oder Natriumsalpeter verwendet, als Reduktionsmittel dient Kohle, Holzmehl, Mehl, Weinstein, Zinn(II)-Oxid oder Aluminium. Das Geheimnis liegt in der Art und der Menge der Stoffe.

Die Glasfärbung hängt sehr stark von der Glaszusammensetzung und in einigen Fällen von den Kombinationen der Farbstoffe ab. Zum Beispiel kann Antimon allein noch Blei kein Glas färben, aber die Zusammensetzung in Form von Blei-Antimon (Hartblei) wurde von den Glasmachern lange Zeit als eine wunderschöne gelbe Glasfarbe verwendet. Schwefel verfärbt das Glas in eine blaue Farbe und in Anwesenheit von Cadmium, welches keine eigene Farbe gibt, wird das Glas in Gelb verfärbt. Manchmal reicht es eine Natriummenge auf Kaliumzugabe zu wechseln, um die Glasfarbe zu ändern. Dabei sind Natrium oder Kalium kaum Farbstoffe für ein Glas.

Man unterscheidet eine molekulare und kolloidale Glasfärbung. Bei molekularer Glasfärbung wird das Glas durch die Anwesenheit gleich verteilter Farbstoffmoleküle gefärbt. Hier könnte man diese Stoffe mit echten Farbstofflösungen im Wasser vergleichen. Die einzelnen Moleküle des aufgelösten Farbstoffes sind so klein, dass sie, ohne eine Verwendung von modernen analytischen Geräten, unsichtbar sind. Die molekularen Farbstoffe sind in der Regel die Oxide von Metallen mit wechselnden Wertigkeiten, wie Mangan, Chrom, Eisen und Kupfer. Man spricht präzise von den Metallionen, die sich in den Oxiden befinden, die für die Färbung verantwortlich sind. Zum Beispiel wenn im Glas, in dem Molekül des Kupfer(II)-Oxids ein Kupferion (II) mit Sauerstoffion gebunden ist, schlucken die Quanten den Rotlichtstrahl mit einer Wellenlänge von 800 Nanometer. Dann sieht das Glas hell-blau aus. Wenn solche Gläser nochmal getempert werden, ändert sich die Glasfarbe nicht mehr.

Die kolloidalen gefärbten Gläser kann man mit kolloidalen Lösungen vergleichen, in welchen die kolloidalen Partikel mittels moderner analytischer Geräte identifiziert und gemessen werden können. Eine kolloidale Färbung des Glases ist mit der Absorption der Lichtquanten durch den Lichtstreuungseffekt verknüpft. Es ist bekannt, dass bei einem Lichtgang durch ein durchsichtiges Medium, welches kolloidale Partikel enthält, eine Streuung der Kurzwellenstrahlung stattfindet. Diese Strahlung (blau und violett) wird in dem kolloidalen System absorbiert, welches nur die Langwellenstrahlung (gelb, orange, rot) durchlässt. Die Farbe dieser Gläser hängt von der chemischen Zusammensetzung und der Größe der kolloidalen Partikel ab. In dem durchsichtigen Glas befinden sich kolloidale Partikel mit einer Größe von 100 bis 200 Nanometer. Bei einer weiteren Vergrößerung der Partikel wird das Glas undurchsichtig. Solche Partikelvergrößerungen hängen von der Temperatur und Dauer der Erwärmung ab. Manchmal werden nach dem Abkühlen der Glasmasse die kolloidalen gefärbten Gläser farblos.

Sie bekommen eine Farbe erst beim zweiten Erwärmen bei 500 bis 600°C.

Als kolloidale Farbstoffe des Glases können außer Kupfer, auch Gold und Silber dienen. Die Zugaben von 0,2 bis 0,3 Gramm des kolloidalen Goldes pro Kilo der Glasmasse färben das Glas rosa bis himbeerrot oder Kirschfarbe (Goldrubin) und des kolloidalen Silbers gelb.

Wenn das Glas Natriumoxid enthält, wird dieses durch das Cobalt(II)-Oxid blau gefärbt. Fügt man zum Beispiel eine kleine Menge des Cobalt(II)-Oxides hinzu, entsteht eine bläuliche Glasfärbung. Eine größere Menge verleiht dem Glas eine violett-blaue Farbe mit Rottönen. Befindet sich im Glas Kaliumoxid statt Natriumoxid, wird ein dunkel-blaues Glas mit violetten Tönen hergestellt. Es ist Cobaltglas und wird für Kunstgegenstände traditionell hergestellt. Dabei ist praktisch egal, welche Cobaltverbindung einer Silikatglasmasse zugegeben wird, da diese ins Cobaltoxid umgewandelt wird.

Nickel(III)-Oxid färbt das Glas, welches Kaliumoxid enthält, in eine rot-violette Farbe. Wenn das Glas Natriumoxid enthält, bekommt man eine braun-violette Farbe. Es kann auch in die Schicht ein reines Nickeloxid oder Nickelhydroxid zugegeben werden.

Bei den Oxidationsbedingungen wird das Kaliumbichromat $K_2Cr_2O_7$ in Chrom(III)-Oxid, Kaliumoxid und Sauerstoff zersetzt. Das Chrom(III)-Oxid ist der Hauptstoff der grünen Farbe. Man könnte erwarten, dass ein Teil von Cr_2O_3 zum Chrom(VI)-Oxid oxidieren könnte.

$$2Cr_2O_3 + 3O_2 \rightarrow 4CrO_3$$

Die Chromverbindungen werden das Glas von hellgrün bis gelb-hellgrün gefärbt. Man gibt bis 15 g Cr_2O_3 pro Kilo der Glasmasse in die Schicht. Ein Überschuss bis 30 g Cr_2O_3/kg kann in der geschmolzenen Glasmasse aufgelöst werden, aber bei der Abkühlung erscheinen im Glas große Kristalline. Es wird ein wunderschönes, praktisch undurchsichtiges Aventuringlas oder Goldstein der dunkelgrünen Farbe, welches grelle goldene Flitter enthalten. Nach der Zugabe von weniger als einem Gramm Cr_2O_3 pro Kilo der Glasmasse wird das Glas in hellgrüner Farbe (Smaragdfarbe) hergestellt.

In eine grelle gelbe Farbe kann man ein Glas mit dem kolloidalen Silber färben. In diesem Fall muss man der Glasschmelze Silber als Silbernitrat mit einer Menge von einem Gramm Silber pro Kilo Glasmasse zugeben.

Die gelbe Glasfarbe kann man durch Zugabe von Schwefel als Pulver in die Schmelze erhalten. Es können auch Kohle, Holzspäne, Mehl oder Stärke zugegeben werden, weil nach der Verbrennung dieser Stoffe nur Asche, welche die notwendige Schwefelmenge enthält, übrig bleibt.

Nach der Zugabe von Antimon(III)-Sulfid in Form des Minerals Stibnit (Sb_2S_3) wird eine rubinrote Farbe des Glases erreicht.

Ein halb-durchsichtiges Glas, welches in dem durchscheinenden Licht orange und in dem reflektierenden blau aussieht, heißt Opalglas. Dieser Effekt wird durch Beimischung eines trübenden Stoffes mit einer Partikelgröße bis zu 5 Mikrometer erzielt. Wenn das Glas lichtdurchlässig, aber undurchsichtig ist und eine weiße Farbe hat, heißt es Milchglas. In diesem Fall haben die beigemischten Partikel eine Größe von 5 bis 100 Mikron. Diese Partikel kristallisieren sich direkt in der Glasschmelze oder bilden sich in der Glasmasse und später kristallisieren sich Tropfen mit einer anderen Zusammensetzung, als in der Hauptglasmasse.

Als solche trübenden Stoffe dienen das Mineral Kryolith $Na_3(AlF_6)$, Knochenmehl, Doppelsuperphosphat, Dinatriumhydrogenphosphat, Ammoniumdihydrogenphosphat $NH_4H_2PO_4$ und andere Phosphorverbindungen, wovon 50 g Phosphor(V)-Oxid pro ein Kilo des Glases zugegeben werden. Außerdem werden Minerale wie Gips ($CaSO_4$ x $2H_2O$) und Kochsalz (NaCl) verwendet.

Bei der Herstellung der undurchsichtigen Gläser wurden oft eine Schicht von Antimon, Arsen, Zinn und Phosphor zugegeben verwendet.

In Abhängigkeit von der Zusammensetzung eines Zinksulfid-Glases, besonders von seiner Thermobehandlung, sondern sich die flockenähnlichen Kristalline des Zinksulfides (ZnS) an verschiedenen Stellen des Glases als Opal- oder Milcheffekte ab. Dabei bleiben die schnell abgekühlten Stellen durchsichtig. Eine Einführung der zusätzlichen Farbstoffe macht es möglich, die unterschiedlchen Farben und Töne des Glases wie orange, rot, schwarz, türkise und bläulich zu bekommen. Wegen der thermischen Neigung ist es leicht, auf einem Zinksulfid-Glas dekorative marmorierte, gestreifte oder gemusterte Effekte zu erhalten.

Wunderschöne dekorative Effekte kann man mit schwarzen Gläsern erreichen, welche mit Zugaben von Blei-, Kupfersulfiden oder Pyrolusit geschmolzen wurden.

Ein Bleiglasfenster konnte im 13. Jahrhundert aus hunderten einzelnen kleinen Glasstückchen, oft mit Defekten wie dunkleren Stellen, Bläschen und unebenen Rändern bestehen. Solche Unvollkommenheiten gaben den mittelalterlichen Bleiglasfenstern eine Besonderheit wegen ihrer charakteristischen durchlässigen Strahlen und dem Lichtspiel.

Alle Glashütten waren nicht, wie in verschiedenen Büchern geschrieben wurde, organisiert, da eine funktionale Arbeitsverteilung nicht immer in der Basis lag. Dieselben hochspezialisierten Glasmacher konnten die unterschiedlichen Arbeitsschritte durchführen. Sie versuchten, reiche Sponsoren für ihre Arbeit zu begeistern und entwickelten neue Techniken. Die Klöster zogen die Glasmacher und die Maler zum Schaffen der Bleiglasfenster für ihre Kirchen heran. In Westeuropa wurden seit Ende des 15. Jahrhunderts bis Ende des 16. Jahrhunderts und in Belgien und Holland bis Ende des 17. Jahrhunderts die Gebäude mit Bleiglasfenstern ausgestattet.

Die erste Hälfte des 16. Jahrhunderts war die Blütezeit der mittelalterlichen Glaskunst. In dieser Periode wurde eine große Menge der Bleiglasfenster mit sehr hoher Qualität hergestellt. Die Generationen der Maler des 16. Jahrhunderts benutzten eine universale technische Sprache. Pléiade, die unsterblichen Meister der italienischen Renaissanceepoche wie Raphael, da Vinci und Michelangelo veränderten für immer das Konzept der angewandten Kunst in Europa. In dieser Periode traten die Bildmotive aus dem Rahmen der bildlichen Darstellungen heraus und die Bleiglasfenster schmückten nicht nur die Kirchen, sondern auch mehrere Häuser und Institutionen.

Eine stilistische Erneuerung des Bleiglasfensters in der Renaissanceepoche wurde mit Hilfe der wesentlichen technischen Verbesserungen erreicht. Zu diesen gehörten die Glasfenstervergrößerung, die Reinheit und die Durchsichtigkeit des bunten und weißen Glases, sowie eine spezielle Kratzmethode für das gemalte Buntglas. Es wurde auch eine Methode des „roten Hematitätzen" neben der schon existierenden Silbergelbmalerei eingeführt. Ein Beispiel der Silbergelbmalerei auf großen Flächen des bemalten Glases ist die Arbeit des französischen Glasmalers Engrand Leprince († um 1531). Anfang des 16. Jahrhunderts stellte er mit seinem Bruder Bleiglasfenster her, welche das Kunstniveau der Region bestimmten. Engrand Leprince´s Komposition mittels Silbergelbmalerei basierte oft auf einem Vergoldungseffekt, wie eine Darstellung der Wurzel Jesse auf einem bearbeiteten Bleiglasfenster der Chapelle Saint-Claude der St-Étienne (Beauvais)-Kirche in Frankreich zeigt. Das Glitzern der Silbergelbmalerei harmoniert mit einem eingeräumten, dichten blauen und roten Glas.

Die technologischen und ästhetischen Neuigkeiten führten Anfang des 16. Jahrhunderts zur Reduzierung der Fensterkreuzmenge. In diesem Zeitraum wurde die Herstellung der Bleiglasfenster mit verschiedenartigen Technologien und Materialien, die für eine Realisierung der komplizierten visuellen Effekte notwendig waren, charakteristisch. Diese Effekte kann man durch Ätzen, Sandstrahlen und Bemalung mittels undurchsichtiger Emails auf der ganzen Glasfläche erreichen. Trotzdem blieb das traditionelle Buntglas die Haupttechnologie.

In Holland und Flandern führte der Bund vom örtlichen Realismus und italienischer Form zur Erstellung majestätischer Verhältnisse. Eine starke Vergrößerung der weltbekannten Fenster in der

Kathedrale in Brüssel begünstigte, dass sich in dieser Zeit in Brüssel der Hof des Heiligen Römischen Reiches befand. Ein flämischer Maler Bernard van Orley (1491 oder 1492 - 1542) konzipierte das Erste aus zwei gigantischen Fenstern, welche sich gegenüberliegend in dem Querschiff der Kathedrale in Brüssel befinden. Ein eingebautes Fenster von 1537 zeigt den Triumphbogen, unter dem der Imperator Karl V. steht.

Die mit Sand gestrahlten, mehrschichtigen Gläser waren grell und besonders blaufarbig. Diese kann man zu den höchsten Errungenschaften der Glaskunst des 16. Jahrhunderts zählen.

In Holland entwickelten die Brüder Dirck und Wouter Pietersz II. Crabeth die Traditionen der italienischen Renaissancen weiter. Sie konzipierten und stellten einige Fenster für die Sankt-Johannes-Kirche in der Stadt Gouda her. Im Rahmen dieses Auftrages malte Dirck Crabeth eine Komposition „Die Vertreibung Heliodors“, in welcher die Struktur der zwei Fresken von Raphael im Vatikan-Palast wiederholt wurden.

Wappenscheibe des Hans von Schönau-Wertenberg. St. Gallen, 1502. Historisches Museum, Basel.

Glasgemälde mit der Wappen von Hannelore Mathias Kersher. 1602, Historisches Museum, Straßburg.

Die ganzen inneren Segmente der vielen holländischen und flämischen Fenster wurden mit den komplizierten Kombinationen gefüllt. Solche wunderschönen Arbeiten erschienen in Holland und
anderen Ländern bis zum Ende des 16. Jhs. Die Glaskunst der holländischen und flämischen Meister erreichte ihren Höhepunkt
Ende des 16. Jhs. In diesem Zeitraum dominierten in der Glaskunst
die flämischen Maler und Glasmacher, welche oft nach England,
auch Spanien und Italien (wie zum Beispiel nach Mailand) eingeladen wurden.

Im Kircheninneren leuchten die Buntglasfenster um die Wette. Sie
stammen vorwiegend aus dem 15./16. Jh. und setzen weitere Kapitel aus Bibel, Kirchengeschichte sowie Darstellung der Könige und
Königinnen um. Die bunte Farbigkeit, in die sie den Innenraum
tauchen, lässt auch heute noch nachvollziehen, wie dies auf die
Gläubigen des Mittelalters gewirkt haben muss.

In dieser Zeit erschienen Porträts und Zeichnungen zum Thema
griechische Mythologie und verbreitete sich die Mode auf eine runde Form des Glasmedaillons und die Motive der Buntgläser. Zum
Hauptinteresse gehörte eine Darstellung der Familienwappen. Um
einen Entwurf des Buntglases zu erstellen, wurden die bekanntesten Maler, wie Dürer, Barthel Beham und Grin eingeladen.

Für eine Ausschmückung des Hauses wurden so genannte „Kabinett Buntgläser" – monofarbige Gläser mit zivilen Motiven, wie
Wappen und Kleinod versehen. In der Periode des Barocks und
der Klassik verschwanden die hochwertigen Buntgläser aus dem
Interieur.

Untergang der Glaskunst

Anfang des 17. Jhs. wurde die Glaskunst von den religiösen
Kriegen in Europa lahmgelegt. Bis zur Mitte des 17. Jhs. wurde in
Europa keine bedeutende Arbeit durchgeführt. Die Ursache lag vor
allem in den zerstörenden Folgen der protestantischen Reformation
und dem harten Widerstand der katholischen Kirche. Eine wichtige

Rolle spielten hier auch die politischen Motive. Genau in diesem Zeitraum wurden verlor man die Geheimnisse der Glaskunst verloren.

Ein weiterer Tiefschlag gegen Buntglas als ein Kunstmittel ereignete sich durch die Zerstörung der Hauptglashütten in Deutschland während des Dreißigjährigen Krieges (1618 – 1648).

Eine Verwendung undurchsichtiger Emailspigmente hatte starken Einfluss auf die Lichtdurchlässigkeit und die Farbigkeit des Buntglases. In Venedig wurde im 16. Jh. das Milchglas mit einer Zugabe von Zinnoxid in die Schmelzmasse hergestellt. Das Glas, das auf Murano seit dem Mittelalter hergestellt wurde, bleibt bis heute fast unverändert. Schon im 17. Jh. wurde für die Herstellung des undurchsichtigen weißen Glases Knochenmehl verwendet. Die Rezeptur der Herstellung eines solchen Glases wurde von dem deutschen Alchimisten Johannes Kunckel (1630 - 1703) erfunden. Er war auch der Erfinder der „Goldrubine", eine besondere Sorte des undurchsichtigen Glases. Lange Zeit waren die Glaskomponenten und das Schmelzverfahren ein Geheimnis.

Im gebildeten 18. Jahrhundert hatte man an Buntglas praktisch kein Interesse. Eine große Menge des mittelalterlichen Glases wurde während der Französischen Revolution aus Protest gegen den Jahrhunderte langen Bund der katholischen Kirche und des Königshofes, zersplittert. Ein großer Verlust war die Teilzerstörung der Unikat-Fenster von Abt Suger in Saint-Denis.

Die alten Traditionen der Glasherstellung wurden teilweise beibehalten, und die Bemalung des Glases wurde von berühmten Malern, wie Sir Joshua Reynolds (1723 - 1792), durchgeführt.

Die Wiedergeburt der Glaskunst erfolgte in Europa in der Romantik vom Ende des 18. Jhs. bis weit in das 19. Jahrhundert. Die Bleiglasfenster wurden nicht nach der klassischen „Mosaik-Technologie", sondern malerisch, als Glasgemälde, auf einem Glasstück angefertigt. Mit den Buntgläsern wurden die Hausfenster sowie die Fenster der Kutschen geschmückt. Zu dieser Zeit gehört die Technologie der Reproduktion der bedeutendsten Weltkunstwerke auf Glas.

Renaissance der Buntgläser im 19. Jahrhundert

Die erste Hälfte des 19. Jahrhunderts wurde der Suche der verlorenen Technologie der Glasherstellung gewidmet. Hinzu kamen Einflüsse der jüngsten und fortschrittlichen Kunstrichtungen der Renaissance. In der Mitte des 19. Jahrhunderts erreichten Deutschland und Frankreich einen maximalen Erfolg in der Glasfensterherstellung. Die Menge der Werkstätten in ganz Europa stieg stark.

Mit Aufkommen des Interesses zur mittelalterlichen Kultur fingen gleichzeitig die Versuche der Restaurierung des originalen mittelalterlichen Glases an. Nach mehrjähriger Vergessenheit wurden die gotischen Medaillons der Kathedrale von Canterbury restauriert. Eugène Emmanuel Viollet-le-Duc (1814 - 1879), ein französischer Architekt, Denkmalpfleger, Kunsthistoriker und Leiter des Vereines „Historische Denkmäler" schrieb ein Traktat über mittelalterliche Kunst mit einer detaillierten Beschreibung der Glasherstellung.

Großen Einfluss auf die Entwicklung der Glaskunst hatten Louis J. Millet und George Peter Alexander Healy. Louis J. Millet arbeitete mit Fresken und Glasfenstern. Er gründete eine Abteilung des dekorativen Designs beim Art Institute of Chicago, und zusammen mit George Peter Alexander Healy erfand er die Technologie des sogenannten „amerikanischen Glases", in welchem Effekte des Hintergrundes von kleinen Glasstückchen statt Bemalung erschienen. Ein Glasfenster, mit dieser Technik angefertigt, wurde im Jahr 1889 in Paris auf der Weltausstellung vorgestellt und inspirierte andere Maler die neue Technik auszuprobieren.

John La Farge und Louis Comfort Tiffany waren die bekanntesten und berühmtesten Personen der Glaskunst des Jugendstiles.

La Farge (1835 - 1910) war ein vielseitiger und origineller Maler. Er wurde in New York in einer reichen französischen Familie geboren und studierte Malerei in Paris zusammen mit Thomas Couture. La Farge entwickelte einen exotischen Geschmack während seiner Reisen nach Fernost. Von 1883 bis 1889 fertigte La Farge Glasfenster für die Trinity Church in Boston an.

La Farge fing an Versuche mit dem Glas durchzuführen, nachdem er eine günstige Nachtvase im Licht sah, welche porzellanähnlich hergestellt wurde. Einfallendes Licht bricht sich in der Glasoberfläche und erzeugt leuchtende Reflexe, wo es gebündelt wird. Der Maler wunderte sich über die Opaleszenz des Glases und erkannte, dass dies ein Mittel zur Erreichung notwendiger Effekte im Glasfenster war.

1880 erhielt La Farge das Patent für opaleszierendes Glas und schloss einen Vertrag mit der Firma „Herter Brothers" in New York ab, um Glasfenster für große Gebäude herzustellen. Mit jedem Auftrag verbesserte La Farge seinen Stil. Dieser war die eklektische Vermischung verschiedener Typen und Texturen des Glases, von kleinsten Glasstückchen bis zu geschmolzenem oder gepresstem Buntglas mit den Einschlüssen von fremden Materialien, wie Schmucksteine oder zerbrochene Flaschen.

La Farge erfand eine Bemalungsmethode, die kleine Buntglasstückchen mit anderen mittels eines gelöteten Drahts verband. Diese „Glas-Cloisonné-Technik", die Gesichtsteile zu modellieren erlaubte, war sehr teuer.

Louis Tiffany und neue Epoche der Glaskunst

Louis Comfort Tiffany (1848 - 1933) blieb lange Zeit der leuchtendste Vertreter der Glaskunst des Stils Modern. Er war ein Sohn reicher Eltern (sein Vater Charles gründete eine Schmuckfirma „Tiffany & Co"). Louis studierte Malerei in Paris, reiste viel nach Frankreich, Spanien und Nord-Afrika. Die Glasfenster der Kathedrale Notre-Dame von Chartres hinterließen einen starken Eindruck. 1870 war Tiffany durch Gläser aus Gräbern der Pharaonen in Ägypten zu seiner Berühmtheit gelangt, von Lüster–Dekor inspiriert. Tiffany bewertete Glas als Designer und als Businessmann wollte eine starke Buntglasindustrie gründen. Gefertigt wurde Kunst-, Luxus und Gebrauchsglas vom künstlerischen Unikat bis hin zum Massenprodukt.

Besonders erfolgreich war Tiffany mit seinen Schmuckkreationen sowie der Glasherstellung. Sein neues irisierendes „Tiffany Favrile Glass", welches eine sehr breite Tonpalette hatte und welches Wasser, Himmel, Steine usw. imitieren konnte, wurde 1894 patentiert. Außerdem erfand Louis eine neue Technologie des Verbindens von Glasstücken (Tiffany-Glaskunst-Technik). Früher wurden die Stückchen des Buntglases mittels H-förmiger Bleistege zusammengefasst und die Kontaktstellen gelötet. Gemäß dem neuen Verfahren wurden die farbigen Glastücke, aus welchen ein Glasfenster bestand, zuvor in Kupferfolie eingefasst. Die Folienbreite war ein bisschen größer als die Dicke des Glases. Ihre Kante wurde auf die Glasfläche gebogen und dann verlötet. Dieses Verfahren erlaubte Glasfenster aus kleinsten Glasstückchen anzufertigen. Außerdem kann man mittels diesen Verfahrens sowohl flächige als auch voluminöse Buntgläser herstellen. Mit großem Erfolg verwendete Louis Tiffany diese Möglichkeit bei der Herstellung von Lampen. Diese Technik machte Tiffany und seine Glaskreationen weltberühmt.

Im Hintergrund des wirtschaftlichen Aufschwunges stiegen die Interessen an Luxus. Die Firma „Tiffany Glass and Decorating Company" in New York, welche 1879 von Louis mitgegründet wurde, richtete unter anderem die Häuser von Vanderbilt, Taylor, Carnegie, Mark Twain ein und renovierte auch einige Räume des Weißen Hauses.

Tiffany schenkte der Entwicklung neuer Glasarten große Beachtung. Er stellte die Technologie der Herstellung des schillernden Glases wieder her.

Kampf von David und Goliath.
Louis Tiffany, 1903. Kirche St.
Cuthbert, Edinburgh.

Fenster aus der Villa Possehl
in Travemünde. Entwurf Henry
Entwurf Henry van de Velde,
um 1900. Ausführung vermut
lich Kunstglaserei F.W.Holler,
Krefeld. Um 1904. Glasmuseum
Düsseldorf.

Nach diesem Verfahren wird das Metallpulver auf die Glasoberfläche mit einer dichten Schicht aufgetragen und danach getempert. 1880 baute Louis in Long Island eine Glashütte auf, wo Experimente mit Kupfer- und Cobaltoxiden sowie mit Gold und Silber durchgeführt wurden. Obwohl ähnliche Gläser in England, Frankreich, Österreich, Bochemen hergestellt wurden, wurde dies als „Amerikanisches Glas" bekannt, da Tiffany der Erste war, der die Glasindustrie von der Handarbeit zur mechanisierten Massenproduktion führte.

Obwohl es um 1890 in New York mehr als 60 Designfirmen gab die mit Glas arbeiteten, war für Tiffany nur La Farge ein realistischer Konkurrent. Beide entwickelten eigene Technologien der

Glasherstellung und jeder erreichte die Spitzenqualität auf diesem Gebiet. Unabhängig von anderen verwendeten sie in den Glasfenstern die Technologie des mehrschichtigen Glases (es sind bis zu drei Schichten bekannt) um die benötigte Farbe zu bekommen. Tiffany hatte ein Monopol auf dem Glasmarkt und lud die besten Glasmacher und Chemiker aus England und Italien ein, um Experimente durchzuführen.

So wurde das Bleiglasfenster im Altarraum der St. Michael's Episkopal Kirche in Charleston (South Carolina) mit einer Nachbildung des um 1518 entstandenen Gemäldes von Raffael Santi „Sankt Michael im Kampf mit dem Teufel" hergestellt. Diese Kirche ist eine der wunderschönsten Gebäude auf den Territorien der amerikanischen Kolonien. 1893 wurde die Kapelle Tiffany an World's Columbian Exposition in Chicago vorgestellt. Sie hatte 12 Bleiglasfenster, und Gegenstände des Interieurs waren aus Buntgläsern.

1895 besuchte der Hauptmäzen des Jugendstiles und Besitzer der Galerie „L'Art Nouveau" Siegfried Bing die Werkstätten von Tiffany und organisierte Bestellungen der Tiffany Bleiglasfenster in Paris. 1900 stellte Bing das Tiffany Bleiglasfenster in London vor, wo dies mit einer speziellen Medaille ausgezeichnet wurde.

Eine andere bekannte Richtung von Tiffany waren Lampen. 1885 hatte Louis den Erfinder der elektrischen Glühbirne T. Edison kennengelernt. Zusammen mit ihm arbeitete Louis Tiffany an dem Interieur des Theaters „Lyzeum" in New York. Ende des 19. Jhs. waren die Massen von der Elektrizität begeistert. In dieser Periode wurden die Lampen und die Kronleuchter von Tiffany, welche aus Glasschrott hergestellt wurden, sehr populär. Für die Lampen wurden die von den Fenstern übrig gebliebenen Glasabschnitte verwendet. Die bekannteste Lampe war „die Libellen" (Design Clara Driscoll). Der Lampenkatalog hatte mehr als 300 Muster, inklusive der luxuriösen Stehlampen und Kronleuchter.

Entwicklung des Buntglases im 20. Jahrhundert

Abstraktionismus des Glasfensters, welcher mit der Kunst von Frank Lincoln Wright geboren wurde, wurde im Bauhaus von Theo van Doesburg, der zusammen mit Piet Mondrian in Dänemark die Künstlervereinigung „De Stijl" gründete, weiter entwickelt. Im Bauhaus kann man die vorhandene Begeisterung für die Alchemie wiederfinden. In den 1920er und 1930er Jahren waren die Maler der Gruppe um Jan Thorn Prikker die Glaskunstführenden.

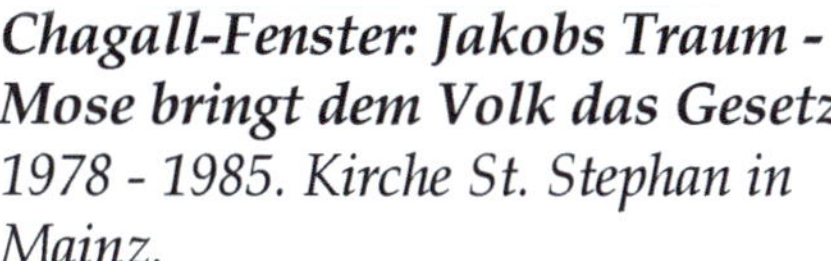

Chagall-Fenster: Jakobs Traum - Mose bringt dem Volk das Gesetz. *1978 - 1985. Kirche St. Stephan in Mainz.*

Ornament. *Anton Wendling, 1956 - 1957. Mindener Dom, Minden (oben).* ***Anbetung der Hl. drei Könige.*** *Es wurde in Grisaille-Technik (grau und weiß) von Paul Weigmann 1978 ausgeführt. Münster Bonn (unten).*

Nach seinem Tod 1932, wurde seine Kunstrichtung von seinen Schülern Anton Wendling und Heinrich Campendonk übernommen.

Im den 70er Jahren war Dale Patrick Chihuly aufgrund der Herstellung der modernen und originellen Denkmäler aus Glas weltweit bekannt. In dieser Zeit arbeitete Chihuly mit seinem Studienkollegen James Carpenter im Bereich der Neon Beleuchtung und der architektonischen Projekte aus Glas zusammen. Unter anderem war das die „Corning-Wand" für das Corning Museum of Glass.

Die modernen Glasfenster werden aus Glasstücken mittels Blei-, Stahl- oder Plastikstegen zusammengefasst. Es wird farbloses oder Buntglas verwendet. Auf ein farbloses Glas wird ein Muster mittels einer Graviertechnik oder durch Anätzen mit Flusssäure, aufgetragen.

Zurzeit gibt es einige Glasfenstertypen in Abhängigkeit von der Herstellungstechnik:

- Klassisches Glasfenster (Tiffany-Technologie) wird aus durchsichtigen Glasstücken, die sich miteinander mittels eines weichen Metalls oder Plastik verbinden, angefertigt.

- Plattiertes Glasfenster wird nach der Fusing-Technologie (Verschmelzung-Technologie) durch Schmelzen verschiedener weißer oder farbiger Glasstücke bei 780 – 900°C, manchmal durch Ankleben der Bildelemente aus Glas, hergestellt.

- Beim bemalten Glasfenster wird auf der Glasoberfläche ein Bild mit Farbstoffen aufgetragen.

- Beim Folien-Glasfenster werden auf der Glasoberfläche ein Bleiband und mehrfarbige selbstklebende Folien aufgeklebt (englische Technologie).

- Ein kombiniertes Glasfenster wird durch die Zusammenfassung der verschiedenen Technologien hergestellt.

Wie in anderen Kunstarten ist die Färbung und Bemalung des Glases eine wichtige Reflexion der Menschen in ihrer Geschichte und Kultur. Alles, was geschrieben wurde, gibt eine Vorstellung über die Komplexität dieses Prozesses und über die Kunst, welche die Meister im Altertum beherrschten, als sie schon damals die reiche Farbpalette der Buntgläser entwickelten. Sand, Soda und Kalk – die Rohstoffe, aus denen Glas gemacht wird, sind bis heute dieselben geblieben. Die Farbe, welche ein Glas bei der Schmelze erhält, hängt nicht nur von den Eigenschaften des Farbstoffes ab, sondern von einer ganzen Reihe anderer Faktoren, wie Oxidationsstufe des Farbstoffes, Zusammensetzung des Glases, Anwesenheit in der Schicht von Oxidations- und Reduktionsmittels, eine Mitwirkung der gleichzeitig angewiesenen Farbstoffe im Glas, Charakter der Flamme bei der Glasschmelze, Parameter der nachfolgenden Wärmebehandlung usw. Jeder dieser Faktoren oder ihre Gesamtheit kann die Glasfarbe gründlich verändern. In diesen besteht die Hauptschwierigkeit der Kunst der Herstellung von Buntglas.

Das 21. Jahrhundert wird möglicherweise die Blütezeit dieser leicht bruchsicheren Kunst.

Quellennachweis und Literaturverzeichnis

Zum Kapitel: Wechselbeziehung der Chemie und Kriminalistik in der menschlichen Geschichte

- Die Bibel. Bielefeld: Christliche Literaturverbreitung CLV, 2003, 1236 S.

- Kube, Ed., Klement, V., Störzer, H.-U.: Wissenschaftliche Kriminalistik. Grundlagen und Perspektiven. Teilband 2: Theorie, Lehre und Weiterentwicklung. BKA, Forschungsreihe, 1984, 496 S.

- Clages, H., Gatzke, W., Frings, Ch.: Grundlagen der Kriminaltechnik I (Lehr- und Studienbriefe Kriminalistik / Kriminologie). Deutsche Polizeiliteratur Verlag, 2016, 140 S.

- Daldrup, Th.: Forensische Toxikologie. Magazin Chemie in unserer Zeit, 1985, 4/19, S. 125 - 136.

- Gibitz, H.J., Schütz, H.: Einfache toxikologische Laboratoriumsuntersuchungen bei akuten Vergiftungen. Weinheim: VCH, 1995, 553 S.

- Gloxhuber, Ch. (Hrsg.).: Toxikologie. 5. aktualisierte Auflage. Stuttgart - New York: Georg Thieme Verlag, 1994, 512 S.

- Jander, G., Blasius, E.: Lehrbuch der analytischen und präparativen anorganischen Chemie. Stuttgart: S. Hirzel Verlag, 1985, 547 S.

- Kaye, Brian H.: Mit der Wissenschaft auf Verbrecherjagd. Weinheim: Wiley-VCH, 1997, 323 S.

- Krauch, H., Kunz, W.: Reaktionen der organischen Chemie. 3. aktualisierte Auflage. Heidelberg: Dr. Alfred Hüthig Verlag, 1966, 762 S.

- Kunz, K.-L.: Kriminologie: Eine Grundlegung. UTB Verlag, 2011, 437 S.

- Wiegand, B.: Fingerabdrücke. In: „Planet Wissen". Köln: Westdeutscher Rundfunk Köln, 24.07.2018.

- Amerkamp, U.: Spezielle Spurensicherungsmethoden – Verfahren zur Sichtbarmachung von daktyloskopischen Spuren. Frankfurt am Main: Verlag für Polizeiwissenschaft, 2002, 158 S.

- Lange, B., Vejdelek, Zd. J.: Photometrische Analyse. Weinheim: Verlag Chemie GmbH, 1980, 634 S.

- Lipscher, J.: Chemie und Verbrechen. Magazin Chemie in unserer Zeit, 1998, 3/32, S. 143 - 149.

- Päch, S.: Detektiv im weißen Kittel - Aus den Akten der Gerichtsmedizin. Düsseldorf: Econ-Verlag, 1984, 272 S.

- Vollhardt, Peter K. C., Schore, N.E.: Organische Chemie. Weinheim - New York - Basel - Cambridge – Tokyo: VCH, 2011, 1480 S.

- Plinius der Ältere: Metallurgie/Naturkunde; Naturalis Historia. 2. Auflage. Eppelheim: Akademie Verlag, 2011, Bd. 33.

- Reichl, F.-X.: Taschenatlas der Toxikologie - Substanzen, Wirkungen, Umwelt. Stuttgart - New York: Georg Thieme Verlag, 2009, 376 S.

- Riedel, E.: Anorganische Chemie. Berlin - New York: Walter de Gruyter-Verlag, 1994, 936 S.

- Römpp: Lexikon Chemie. Stuttgart - New York: Georg Thieme Verlag, 1996 – 1999, 6. Bde.

- Schleenbecker, U., Schmitter, H.: DNA-Analyse in der forensischen Spurenuntersuchung. Magazin Chemie in unserer Zeit, 1994, 2/28, S. 58 - 63.

Zum Kapitel: Der Chemiker Sherlock Holmes und kriminalistische Kunst

- Doyle, Arthur Conan: Der Hund der Baskervilles. Zürich: Haffmans Verlag AG, 1984, 206 S.

- Doyle, Arthur Conan: Eine Studie in Schalachrot. Zürich: Haffmans Verlag AG, 1984, 159 S.

- Doyle, Arthur Conan: Das Zeichen der Vier. Neu übers. von Henning Ahrens. Berlin: S. Fischer Taschenbuch-Verlag, 2016, 157 S.

- Bondy, G.: Erster Sherlock Holmes-Sammelband erscheint. Das Kalenderblatt, 14.10.2016.

- Reve, K.: Dr. Freud und Schrlock Holmes. Berlin: S. Fischer Taschenbuch-Verlag, 1994, 160 S.

- Wolters, B.: Drogen und Pfeilgifte in der Indianermedizin. Greifenberg: Freund-Verlag, 1994, 288 S.

- Royal Society of Chemistry pays tribute to Sherlock Holmes. Lawrence Journal World, Oct 17, 2002.

Zum Kapitel: Metalle in der Medizin: Arzneimittel oder Gifte

- Goerke, H.: Artz und Heilkunde. München: Callwey Verlag Georg D.W. GmbH & Co., 1987, 286 S.

- Bernal, J.D.: Die Wissenschaft in der Geschichte. Berlin: Verlag der Wissenschaft, 1967, 946 S.

- Berndt, H.: Sagenhafte Antike. Unterwegs auf den Spuren der klassischen Mythen und Legenden. Bergisch Gladbach: Bastei Lübbe Verlag, 1990, 475 S.

- Kuhn, A.: Der Zauber des Silbers. Galvanotechnik, 2015, Nr. 9, S. 1785 - 1788.

- Arndt, U.: Metall-Essenzen. Roßdorf: Hans-Nietsch-Verlag, 2014, 199 S.

- Jolande Jacobi (Herausgeber): Paracelsus - Arzt und Gottsucher an der Zeitenwende. Eine Auswahl aus seinem Werk. Walter-Verlag, 1991, 357 S.

- Gasperl, M.: Medizin in der Antike. m.gasperl.at

- Jankrift, K.P.: Krankheit und Heilkunde im Mittelalter. Darmstadt: WBG (Wissenschaftliche Buchgesellschaft), 2003, 148 S.

- Eggebrecht, A.: Das Alte Ägypten. Gütersloh: Bertelsmann, 1997, 479 S.

- Emsley, J.: Mörderische Elemente. Rastede: Wiley-VCH, 2006, 442 S.

- Spange, S., Beier, O.: Antibakterielle Schichten für die Medizintechnik, hergestellt mittels Atmosphärendruckplasmen. Galvanotechnik, 2015, Nr. 9, S. 1872 - 1876.

- Leven, K.-H.: Antike Medizin. München: Beck C. H.-Verlag, 2005, 967 S.

- Groten, M. (Hg.), Hermann Weinsberg (1518–1597). Kölner Bürger und Ratsherr. Studien zu Leben und Werk, Köln: SH-Verlag 2005, 301 S.

Zum Kapitel: Geschichte des Waschmittels in den Ländern und im Zeitwandel

- Diers, D., Curcio, A., Flechtker, S.: Seifen und Waschmittel. Münster: UNI Münster, 2007/2008, 67 S.

- Tuchwalkerei des Stefanus. www.HolidayCheck.de

- http://www.dammer.info/Seifenherstellung_im_Mittelalter.pdf

- Talkenberger, H.: Luxusgut oder Massenware. DAMALS – Geschichte Online, damals.de, 26. Februar 2009.

- Homer: Odyssee, Ilias. Düsseldorf: Albatros Verlag, 1995, 776 S.

- Varron, A.G.: Hygiene im Mittelalter. Ciba-Zeitschrift, Juni 1937, 12 S.

Zum Kapitel: Nano! Die große Geschichte der kleinen Teilchen

- Isaacson, W.: Benjamin Franklin: An American Life. New York Sity: Simon & Schuster Verlag, 2004, 608 S.

- Dreyspring, B.: Textile Funde bei Bestattungen, unter besonderer Berücksichtigung der Metallfaden, im Kreuzgangbereich des Stiftes St. Arnual. In: Herrmann, H.-W., Selmer, J. „Leben und Sterben in einem mittelalterlichen Kollegiatstift. Archäologische und baugeschichtliche Untersuchungen im ehemaligen Stift St. Arnual in Saarbrücken". Saarbrücken, 2007, S. 419 - 428.

- Paetz, A., Mitschke, S., Melillo, L.: Purpur, Gold und Seide. Der Spiegel, 2013, Nr. 4, S. 15 - 21.

- Kolloidales Silber – Uraltes Heilmittel mit antibiotischer Wirkung. Alternative und kritische Informationen zum Thema Gesundheit. Sept. 2009.

- Tischler, H.: Zwerge im Komm. Medizin&Vorsorge, 2006, 27, S. 36 - 38.

- Zeolith zur Entlastung der Entgiftungsorgane. www.panaceo.com, Okt. 2012, S. 3 - 31.

- Grütter, Th., Hauser, W.: 1914 - Mitten in Europa: Die Rhein-Ruhr-Region und der Erste Weltkrieg. Essen: Klartext Verlag, 2014, 342 S.

- Ganteför, G.: Alles NANO oder was? Rastede: Wiley-VCH, 2013, 280 S.
- Lacher, A.: Tod und „Gräberluxus" am Rande der großgriechischen Welt – Daunische Gräber einer Nekropole. Antike Welt, 2013, Nr. 5, S. 42 - 51.

- Giertz, W., Ristow, S.: Goldtesellae und Fensterglas. Antike Welt, 2013, Nr. 5, S. 59 - 66.

- Holeczek, H.: Bleisulfid-Nanokristalle als photoaktive Materialien. Galvanotechnik, 2015, Nr. 6, S. 250 - 251.

- Zeolithe. Vulkanstein in Nano-Größe. http://www.psoriasis-forum-berlin.de/verein/13-medikamente/33-zeolithe.html

- Antikes Rezept: Römer kaschierten mit Nano-Pasten ihre grauen Haare. Spiegel Online Wissenschaft, 2006.

- Schiele-Trauth, U.: Nano-Gold im Kirchenfenster. Ingenieur.de, 01. Juni 2014.

- Scholzen, A.: Nano-Gold im Schwangerschaftstest. Die Welt, 29.03.2003.

- Amberg, M.: Was eine Nano-Metallschicht auf der Faser alles kann. TextilPlus, Ausgabe 2013, Nr. 11/12, S. 39 - 41.

- Baumann, W.-R., Meßmer, Ch.: Nanotextil. Berlin, Januar 2011.

- Boening, N.: Im Reich des Winzigen. Nanotechnologien. Hagen: Basse Druck GmbH, 2008, 23 S.

- Stengel, E.: Schutz vor Infektionen. Spiegel Online Wissenschaft, 27.06.2014.

Zum Kapitel: Nicht Götter brennen die Töpfe

- Panagos, A.: Chemical Differentiation of Chromite Grains in the Nodular-Chromite from Rodiani (Greece). Mineralogical Institute of the University of Athens, 1966.

- Vandiver, Pamela B.: Ancient Glazes. Scientific American, 1990, April.

- https://sites.google.com/site/slavanskgorodkeramikov/home/istoria

- Scheibler, I.: Griechische Töpferkunst. Herstellung, Handel und Gebrauch der antiken Tongefäße. 2., neubearbeitete und erweiterte Auflage. München: H.C.Beck, 1995, 220 S.

- Mannack, Th.: Griechische Vasenmalerei. Eine Einführung. Stuttgart: Theiss, 2002, 192 S.

- Sosman, R.B.: The phases of silica. New Brunswick: Rutgers University Press, 1965, 388 p.

- Abba A., Galerie A., Gaillet M.: Oxidation of Metals, 1982, Vol. 17, (1), p. 43.

- Subrahmanyan J. J.: Mater. Sci., 1982, V. 17, p. 1997.

- Mehan R.L., McKee D.W. J.: Mater. Sci., 1979, V. 14, p. 2471.

- Priceman K., Yurek G.J. J.: Electrochem. Soc., 1988, Vol. 135, p. 517.

Zum Kapitel: Zauberei der farbigen Gläser

- Walter, H.-H.: Farben, Metalle und Chemikalien aus Bergfabriken. GDCh, Bd. 15, 2000, S. 62 - 80.

- Steppuhn, P.: Tragisches Ende einer Glashütte († 1462). In: Mitteilungen der Deutschen Gesellschaft für Archäologie des Mittelalters und der Neuzeit, 2005, S. 86 – 91.

- Kutschke, D.: Glas in der Antike. So verbreitete sich Glas um das Mittelmeer. Kiel: Grin Verlag GmbH, 2013, 20 S.

- Wedepohl, K.H.: Glas in Antike und Mittelalter. Stuttgart: Schweizerbart`sche Verlag, 2003, 228 S.

- Ramharter, K.: Das Glasfenster der Hl. Margarita in Stift Ardagger. www.farfeleder.at/leopold/fenster.htm

- Drachenberg, E., Müller, W.: Mittelalterische Glasmalerei. In: Baudenkmalpflege: Beiträge zur Methodik und Technologie. Berlin: Verlag für Bauwesen, 1990, S. 98 - 111.

- Scholz, H.: Albrecht Dürer und das Mosesfenster in St. Jakob in Straubing. Berlin: Deutscher Verlag für Kunstwissenschaft, 2005, 24 S.

- Ebell, P.: Der Kupferrubin und die verwandten Gattungen von Glas. 1874, Bd. 213, Nr. XXXIX, S. 131 - 145. http://dingler.culture.hu-berlin.de/article/pj213/ar213039

- Finlay, V.: Das Geheimnis der Farben. Berlin: List Taschenbuch Verlag, 2004, 464 S.

Verzeichnis der Abbildungen

Abbildung des Covers: Bergmann. Bleiglas, Schwarzlot. Hotel Stollen, Gutach, Schwarzwald.

Bei Aufnahmen, die nicht von A. Meyerovich stammen, ist der Nachweis in Klammen angegeben.

Haftungsausschluss

Urheber- und Kennzeichenrecht

Der Buchautor ist bestrebt, in allen Publikationen die Urheberrechte der verwendeten Bilder, Grafiken, Tondokumente und Texte zu beachten, von ihm selbst erstellte Bilder, Grafiken, Tondokumente und Texte zu nutzen oder auf lizenzfreie Bilder, Grafiken, Tondokumente und Texte zurückzugreifen.

Keine Abmahnung ohne sich vorher mit mir in Verbindung zu setzen.

Wenn der Inhalt oder die Aufmachung meiner Seiten gegen fremde Rechte Dritter oder gesetzliche Bestimmungen verstößt, so wünscht der Buchautor eine entsprechende Nachricht ohne Kostennote. Er werden die entsprechenden Bilder, Grafiken, Tondokumente und Texte korrigiert oder gelöscht, falls zu Recht beanstandet.

Impressum

© 2019 Alexander Meyerovich

Umschlagmotiv: Bergmann. Bleiglas, Schwarzlot. Hotel Stollen, Gutach, Schwarzwald

Verlag & Druck: tredition GmbH, Halenreie 40-44, 22359 Hamburg

ISBN

Paperback: 978-3-7482-6619-8

Hardcover: 978-3-7482-6620-4

e-Book: 978-3-7482-6621-1